意会知识的跨时空对话

石 仿 著

东南大学出版社
SOUTHEAST UNIVERSITY PRESS
·南京·

图书在版编目(CIP)数据

意会知识的跨时空对话 / 石仿著. — 南京：东南
大学出版社，2020.4
ISBN 978 - 7 - 5641 - 8737 - 8

Ⅰ. ①意… Ⅱ. ①石… Ⅲ. ①科学哲学-认识论-研
究 Ⅳ. ①N02

中国版本图书馆 CIP 数据核字(2019)第 287088 号

意会知识的跨时空对话
Yihui Zhishi De Kuashikong Duihua

著 者	石 仿
责任编辑	陈 淑
编辑邮箱	535407650@qq.com
出版发行	东南大学出版社
出 版 人	江建中
社 址	南京市四牌楼 2 号(邮编:210096)
网 址	http://www.seupress.com
电子邮箱	press@seupress.com
印 刷	江苏凤凰数码印务有限公司
开 本	700 mm×1 000 mm 1/16
印 张	11.5
字 数	190 千字
版 印 次	2020 年 4 月第 1 版 2020 年 4 月第 1 次印刷
书 号	ISBN 978 - 7 - 5641 - 8737 - 8
定 价	59.00 元
经 销	全国各地新华书店
发行热线	025 - 83790519 83791830

(本社图书若有印装质量问题,请直接与营销部联系,电话:025 - 83791830)

序　言

　　迈克尔·波兰尼(Michael Polanyi, 1891—1976)出身于匈牙利的布达佩斯的一个犹太人家庭,前期主要从事物理化学的研究工作,后转向社会科学领域;生前在自然科学、政治经济和人文科学研究领域有论著问世,特别是 1958 年发表了《个人知识》之后,迈克尔·波兰尼声名鹊起。《个人知识》系统全面地阐述了"意会认识"问题,首次提出了"意会知识"的范畴,其后波兰尼又相继发表了《人之研究》(*The Study of Man*)(1959)、《超虚无主义》(*Beyond Nihilism*)(1960)、《意会的范围》(*Tacit Dimenion*)(1966)、《识知与存在》(*Knowing and Being*)(1969)等著作,进一步阐释了意会认知理论,逐步建立了系统的意会认知哲学。但在其生前,意会认知理论却并未获得学界同仁的共识。当时的科学哲学家波普尔就攻击说,意会认知最终会导致科学哲学走向不可知的神秘主义。直到 20 世纪 80 年代,在科学技术带给我们一次又一次的伤害后,人们才蓦然发现意会认知论所带来的深邃思想和冲击力。一夜之间,波兰尼的思想似乎被突然觉知了,甚至有一些学者惊呼,波兰尼的意会认知思想是继笛卡尔和康德之后,认识论发展史上的"第三次哥白尼式的革命",它将对传统的科学认识论产生不可逆转的冲击,其深刻意义甚至远在释义学、语言哲学和发生认识论之上。这种冲击波甚至震撼着日本和中国台湾等一些亚洲国家和地区的思想界。所到之处,充满着一片"震撼"和"潜力无限"的惊叹声。随之而来的是引发了人们对波兰尼意会思想和著作研究的热忱。

　　20 世纪 70 年代,研究波兰尼学术的团体分别在北美一些国家和英国成立,后合并为"波兰尼学会"。该学会每年11月份在北美召开学术研讨会,并且定期出版学会的会刊——《传统与发现》;20世纪90年代初"波兰尼自由哲学协会"在匈牙利的布达佩斯成立,该组织通过匈牙利语和英语发表有关波兰尼思想的论文。

波兰尼意会认知理论自1983年被介绍到我国,至今已经有30多年的时间了。最早从事波兰尼意会理论引进工作的是刘仲林教授。刘仲林教授全面翻译了波兰尼的意会认知理论,从而揭开了国内对波兰尼理论研究的序幕。自1983年以来,关于意会知识和认知理论研究的文章很多,人们以不同的视角分析意会思想,使得意会理论研究呈现出一片繁荣的景象,研究的触角不断深入到哲学、经济学、知识管理等各个领域,并且成为该领域的热门问题。但是,如何在做了大量的研究工作并继续深化和发展对波兰尼意会理论的认识的基础上,能够结合中国实际,让其为我所用,这是当前意会思想研究的意义所在。

本书在已有的关于波兰尼意会理论研究和庄子意会之知资料的基础上,从创造学的角度就意会认知问题在比较的基础上进行了较为系统的综合性研究。从波兰尼关于知识的分类开始,对意会知识的心理学、脑科学、哲学背景进行分析,多维角度探讨意会知识的概念及内涵、意会知识和言传知识的辩证关系、意会认知模型结构等基本理论问题,并同庄子的意会之知进行了系统的比较,以此为基础分析意会认知在科学创造中的重要作用。

本书首先对波兰尼意会理论在国内外发展的特点做深入细致的剖析,分析了当前波兰尼理论发展的趋势和特点,在追随国内对波兰尼意会理论研究历史轨迹的基础上,深刻总结其发展的特点和存在的问题,并在此基础上提出波兰尼意会理论与中国传统文化相结合的未来发展趋势。

哲学、心理学和脑科学的发展为波兰尼意会理论提供了重要的指导。例如,在对意会认知的脑科学分析中提出了大脑两半球既有各司其职的高度专门化,又有功能互补合作的特性,由此推翻了以往一直认为只有左半球占优势的传统观念。心理学上,意会认知继承了格式塔心理学的研究传统,并在此基础上进一步发挥主体的能动作用。从哲学、心理学和脑科学三个方面的分析加深了我们对意会认知理论的理解,同时也使意会理论有了立论基础,在此基础上,更进一步对意会认知理论中的重要概念进行界定,对意会认知的模型结构及其主要概念等内容做了细致深入的分析。

庄子哲学中蕴含着丰富的意会思想,它以中国特有的方式进行哲学反思,这种方式就是庄子所说的"不知之知",或者说是"意会之知"。从严格概念上讲,波兰尼的意会知识和庄子的意会之知存在着差距,但是这并不妨碍两者之间的比较,在物我关系、实践和技能的关系以及直觉思维和抽象思维等关系的论述上存在着哲学观点的相似性。本书在解析的基础上力求贯通中西文化,使得意会思想更进一步发展。

最后,理论分析的目的最终要落实到现实中来。本书从科学认识论的角度,运用创造学相关理论,对科学创造过程中涉及的科学美、直觉思维、审美推理等意会因素进行详细的阐述,并结合科学发现历史上的典型案例,对意会认知在科学创造中的内在过程与机制进行具体的阐述。意会认知思想在科研、教育中的意义尤为突出。创造性思维中非逻辑思维,是建立在意会认知的基础上的意会知识参与科学概念的理解过程,总之,科学创造离不开意会认知的参与。意会认知具有无法言传性,通常意会知识参与科学发现的过程并不像言传知识一样有据可依,它通常是以科学家或者科学家群体的科学传统、文化因素、知识结构、科学精神等非显性的方式指导科学发现,旨在就意会认知及其丰富的教育意义进行进一步探索,并努力结合当前中国科研教育实践的一些具体现状进行分析,促进人们对我国当前科研教育理论和实践认识论基础的反思和重构。

意会理论是一个复杂的问题,掩卷深思,笔者深深感到意会认知理论与科学创造过程的密切关系,本书受篇幅所限不足以概括。波兰尼说,人类的大部分知识都是以意会知识方式存在的,言传知识只是冰山一角,我们知道的比说出来的多得多。对意会认知的理论研究是对不可言述的言说，但是并不妨碍我们理解意会知识在人类认识论当中的意义。波兰尼通过对当代两大思潮的冲突溯本探源指出：当代人的危机根源于古希腊的怀疑的科学传统与基督教的信仰主义传统之间的内在矛盾，即知与在的内在矛盾。唯科学主义将人的知与人的存在分离，是造成非人时代的认识论和方法论的根源。然而，波兰尼的意会理论也有其局限性：他的哲学认识论基础以主体参与建构知识为导向，导致意会理论上的许多逻辑上的断层，如个人知识如何转化成具有普遍性质的知识、知识的客观性如何在个体的参与下得到保证、个人知识和具有普遍性质的知识的关系等。有些问题波兰尼并没有回答清楚，如：波兰尼所谓的信仰主义如何逾越个人知识和普遍知识之间的鸿沟？把信念和承诺视为统合建构发生的必要前提和因素，是否会导致神秘主义？而庄子意会思想是中国哲学意会思想的集大成者，它立足于现实世界，以"道"为内在指向，让意会思想具备形而上的依托，在此基础上，作为形而上之域的对象。"道"具体表现为天道与人道的统一，它所实际涉及的，则是广义的存在与人之"在"。"天"与"人"呈现了内在的统一性。但庄子并没有从认识论的角度对意会之知进行系统的分析，这是庄子意会思想的不足之处。简单说来，波兰尼用科学的方法把庄子哲学中不可言说的东西说出来了，而庄子把意会理论提高到哲学的高度。二者结合的优势，可实现"极高明而道中庸"的理论追求，立足于创造。中西哲学的融合、互补具体落实为创造体系的方法论原则。

在此基础上，本书提出科学创造过程的意会因素的重要作用，从科学审美到直觉思维再到创造性思维进行阐述，结合具体的科学发现的案例，充分展现了意会认知在科学创造过程中的指导意义。本书试图从科学发现的案例中揭示意会认知的指导意义，虽然也获得了一些有意义的结论，但还存在许多不足和肤浅之处，需要在以后的学习研究中继续加以完善和改进。

目 录 CONTENTS

绪 论

第一章 波兰尼意会思想

第二章　庄子意会思想概述

第三章　波兰尼、庄子意会思想比较

第四章　意会认知在科学创造中的作用

第五章　意会认知与我国的科研教育

绪　论

西方哲学自诞生以来,经历了两次被称为"转向"的研究主题的切换。第一次转向是从古代哲学的本体论向近代哲学的认识论转向。第二次转向是从先验批判向意识批判的认识论转向。当人类的文化和生活方式发生大的转变时,哲学意义上的观念和理论也必定发生重大的变化,而认识论问题始终是近代西方哲学研究的中心问题。与此同时,认识论的研究出现了理论困境,面临着危机和转向。波兰尼哲学思想引领着新的认识论思想(知识观)的历史性转变,被称为继笛卡尔、康德之后认识论历史上的"第三次哥白尼革命",因此研究波兰尼意会认知论所体现出来的哲学意义毋庸置疑。

第一节　论题界定

近代传统意义上的认识论问题始肇于笛卡尔。笛卡尔认识论思想的革命意义在于对经院哲学形而上学基础的颠覆和批判。他认为,认识不是来自外界的观念,而是来源于人的理性自身具有的天赋观念。他把观念的来源分为三类:"有一些是我天赋的,有一些是从外面来的,有一些是我制造出来的。"①他认为这三类观念中只有天赋观念是真实可靠的。既然如此,判断一个认识是否真实的标准也就无需外求,在理性自身就能够解决了。笛卡尔认为这个标准就是清楚明白。所谓"明白","就是明显地呈现于能注意它的那个心灵";"清楚"则是"界限分明与其他一切对象厘然各别"。用通俗的话来说,就是指一个观念的内涵要明确,外延要恰当。他认为只要具备了这两点,就是真实可靠的观念。他说:"我觉得可以建立一条一般的规则,就是:凡是我们极清楚、极明白地设想到的东西都是真的。"②

为了获得清楚明白、真实可靠的知识,必须运用理性演绎法。理性演绎法由直觉和演绎这两个相互联系的部分组成。所谓直觉知识,是指一种不证自明的知识,笛卡尔认为像上帝存在、三角形有三条边等就是直觉知识,实际上这就是他所谓的天赋观念。而演绎就是从这些确知的直觉知识出发所进行的必然的推理。知识体系就是像这样以少数天赋观念为基础经过严格的、正确的逐级演绎而得到的。

笛卡尔的思想打破了之前以存在和实体论为主的哲学认识论,建立了理性主义的认识论,实现了认识论形而上的革命。唯理论的创立同时也标志着西方哲学史上的一次重大转折,导致了认识论研究主体的转变,既奠定了主体性原则,又开创了理性主义的基本特征。

康德对以莱布尼茨为代表的唯理论及以休谟为代表的怀疑主义进行了严厉的哲学批判。1781 年,康德发表了《纯粹理性批判》一书,尽管这部哲学著作非常晦涩难懂,但是艰深的语句掩不住思想的光辉,康德哲学真的像他自己所说的那样成就了哲学领域内"哥白尼式的革命"。他的思想使得哲学深入到一个新的理论高度,不仅对近代哲学进行了一次清理,否定当时流行于欧洲的形而上学体系,开拓了从主客体关系去探讨哲学根本问题的新方向,而且对现代西方哲学产生了深刻而积极的影响。康德的哲

---

① 北京大学哲学系外国哲学史教研室编译. 西方哲学原著选读(上卷)[M]. 北京:商务印书馆,1982:374.

② 北京大学哲学系外国哲学史教研室编译. 西方哲学原著选读(上卷)[M]. 北京:商务印书馆, 1982:374.

学具有划时代的意义。有人把它比作蓄水池,前人的思想汇集于此,后人的思想则从中流出来;也有人将他的哲学比作一座桥,想入哲学之门就得通过康德之桥。

18世纪末,欧洲哲学面临着理性、自由和形而上学的问题。理性主义传统在古希腊时期就已经形成,这种传统认为人们只有通过理性的认识活动,才能获得对自然万物的必然性知识。理性主义传统导致了近代科学主义的萌芽,但是随着经验论和唯理论的产生,双方各执己见,哲学意义上的认识论开始走上了两难境地。

自哥白尼革命以来科学在成为人类认识和改造自然界的工具的同时,也成为人类认知周围世界的一种重要的方式。在近代科学观特别是在近代科学的快速发展——实证主义的推波助澜下,客观主义的科学观逐渐成为主流的科学认识论。一方面,客观主义科学观的形成与科学自身的发展壮大密不可分,科学在日常生活中显示着越来越大的威力,满足着人类对未知世界的好奇心,显示着强大的魅力;另一方面,自笛卡尔、培根以来所形成的"一分为二"的哲学思想,认为科学是人之外的超脱性理想。科学被赋予了无限崇高的地位,结果科学文化与人文文化的趋离就日益成为必然。

客观主义科学观造成的科学文化与人文文化的分离引起了学者的注意。哈耶克在《科学的反革命——理性滥用之研究》中吹响了反科学的号角;1959年,英国科学家斯诺(C. P. Snow)在剑桥大学发表了著名的演讲——《两种文化》,指出科学文化和人文文化两种对立的矛盾以及人们在对待这两种文化时表现出的巨大差异,这就是著名的"斯诺问题"。迈克尔·波兰尼作为热心于科学事业发展的科学家,对"斯诺问题"做出了自己的回答。他认为,只有通过修正现存的科学观,才能弥补科学与作为主体存在的人之理想的假象断裂。波兰尼正是通过批判客观主义的科学观,指出科学知识和其他知识一样,充满了人的因素。人通过意会认知的方式参与并创造着科学知识,通过意会知识理论试图建立科学文化和人文文化的沟通,从而尽可能地消解两者之间的矛盾。

现阶段,寻求解决两种文化沟通融和的途径,成为当代科学哲学迫切需要解决的问题。波兰尼作为横跨科学界和人文领域的科学家和哲学家,对于两种文化的特殊感受相较于其他的研究者有更为深刻的切身体会,因此,他的解析也就更有其独特的理论视角。意会认知理论着意于从意会认识出发,突出强调了一种不脱离认识主体的、没有言传出来的意会知识。科学的目标和理想不是建立一种完全精确的和严格的逻辑表述的东西,其中认识主体参与的意会知识在其中发挥着重要的作用。

第二节 文献综述

国外对波兰尼意会理论的研究要早于国内,相关文献的内容、数量非常丰富,有据可查的研究波兰尼的专著就已经达到 107 部,其中以波兰尼思想做博士论文,并出版为专著的就达 30 多部,主题涉及哲学、神学、美学、宗教、政治学等诸多领域。论文更是难以统计,有据可查的就已经超过 200 篇。[①]

国外特别是欧美国家对波兰尼思想的研究十分重视。研究的范围、门类、形式基本趋于完善,成果累累。20 世纪 70 年代,研究波兰尼学术的团体分别在北美和英国成立,后合并为"波兰尼学会"(Polanyi Society)。"波兰尼学会"是一个专业性和开放性都比较强的学术团体,该学会会员遍布全球,大约有 300 人。该学会每年 11 月份定期召开学术研讨会,并且定期出版学会的会刊(*Convivium*),探讨波兰尼哲学思想[②]。*Convivium* 期刊是由美国自由协会于 1975 年创办的会刊,到 1988 年停刊,1988 年以后与该协会的另外一本期刊《传统与发现》(*Tradition & Discovery*)合刊[③]。90 年代初

---

① 钱振华. 科学、人性、信念与价值[D]. 上海:复旦大学,2005.
② http://www. missouriwestern. edu/orgs/polanyi/tadhist. htm.
③ 钱振华. 科学、人性、信念与价值[D]. 上海:复旦大学,2005.

"波兰尼自由哲学协会"(The Michael Polanyi Liberal Philosophical Association, MPLPA)在波兰尼的祖国——匈牙利的布达佩斯成立,1992 年开始以 *POLANYIANA* 为期刊名称出版论文,以匈牙利语和英语发表波兰尼思想的论文,1997 年又开通了网站(http://www. kfki. hu/chemonet/polanyi/),便于学者之间的思想交流。① 1996 年由 R. T. Alllen 主持成立了《评价》(Appraisal：A Journal of Constructive and Post-Critical Philosophy and Interdisciplinary Studies)杂志,主要讨论和波兰尼思想相关的建构论哲学和后批判性哲学②。

波兰尼中心(Michael Polanyi Center，MPC)成立于美国贝勒大学,是一个进行跨学科研究和教育研究的机构,重点是推动人们对科学和社会科学的进一步了解。它设立的目的在于:(1) 在自然科学和社会科学中支持和追求研究的历史和概念的基础;(2) 研究当代科学对人文和艺术的影响;(3) 在科学与宗教日益增加的对话过程中发挥积极作用;(4) 对自然科学的理论概念进行设计,追求数学的发展和经验的应用。③

国外对波兰尼理论研究开展较早,关于波兰尼的文献研究数量也非常多。其中早期主要集中在英美国家,之后随着波兰尼思想的威慑力,日本、澳大利亚和其他一些国家、地区的研究也日益丰富。其中以波兰尼意会认知论为专题研究的专著超过 100 部、博士论文达 30 多部、论文超过 200 篇,研究主题横跨多个学科领域,研究的内容各有侧重。从研究重点和应用研究来看,可以粗略地分为理论本身的研究和学科交叉研究两部分。理论研究主要体现在对波兰尼意会理论的深度解析;实践研究侧重于对意会理论在别的学科领域的应用,同时也包括对跨学科理论的研究部分。

在理论研究方面主要有杰弗里(Kane Jeffrey)的《超越经验主义:重思迈克尔·波兰尼》,重点论述了波兰尼意会认知论,指出形而上学与言传知识的关系在科学与教育中所具有的实践意义。哈里·博斯(Harry Prosch)《迈

---

① 　http://www. missouriwestern. edu/orgs/polanyi/otherjournals. htm.

② 　http://www. missouriwestern. edu/orgs/polanyi/otherjournals. htm.

③ 　http://www. lycos. com/info/michael-polanyi—michael-polanyi-center. html.

克尔·波兰尼：一种批判性阐释》①一书依据波兰尼在美国所作的部分演讲稿和晚年写的一些论文整理而成。博斯曾经和波兰尼合作出版了《意义》一书,因此他对波兰尼的思想有很深入的了解,所选讲演稿和论文充分体现波兰尼的意会认知论思想。盖尔维希的《发现之旅:波兰尼思想介绍》②被认为是一本成熟的综合性的著作。该书被翻译成多国文字,备受关注。斯蒂芬妮于 2002 年出版了《重思迈克尔·波兰尼的哲学》③,该书是一本全面研究波兰尼思想的科研成果。Jerry Gill 的《意会模式:迈克尔·波兰尼的后现代哲学》最突出的意义是从知觉现象学的角度给出了意会认知的模式结构,从而发展了知觉现象学。

对意会理论的交叉研究的成果不胜枚举,这主要体现波兰尼思想在不同领域上的渗透。研究波兰尼科学社会学思想的主要代表作有阿加西(J. Agassi)等人合作编写的《科学与社会:科学社会学研究》,其具体介绍了波兰尼意会认知论蕴含的科学社会学思想。《科学与知识社会学》一书中多次引用波兰尼的观点作为佐证。另外在美学领域里奇曼(Sheldon Richmond)的《美学批判》④从美学的角度比较了冈布里奇(Gombrich)和波兰尼以及波普尔的观点;语言学方面有伊里斯的《波兰尼认识论中的意义、思想和语言》⑤以及萨拉的《波兰尼对乔姆斯基的反思》⑥等等;宗教、神学方面特纳的《迈克

---

① Prosch H，Polanyi M. A Critical Exposition Albany[M]. New York：State University of New York Press，1986.

② Gelwich R. The Way of Discovery：An Introduction to the Thought of Michael Polanyi[M]. New York：Oxford University Press，1977.

③ Jha S R. Reconsidering Michael Polanyi's Philosophy[M]. Pittsburgh：University of Pittsburgh Press，2002.

④ Richmond Sheldon. Aesthetic Criteria：Gombrich and the Philosophies of Science of Popper and Polanyi[M]. Amsterdam：Atlanta，GA，1994.

⑤ Robert Innis. Meaning，Thought and Language in Polanyi's Epistemology[J]. Philosophy Today 18(1/4)，1974：47-67.

⑥ Sara Leopols. Polanyi's Reflections on Chomsky[J]. Convivium，1985(21)：41-48.

尔·波兰尼的神学意蕴》①、多伦斯的《科学与基督徒生活中的信仰》②等等都非常有代表性;在心理学研究领域,教育家、精神治疗师罗杰斯的《对话》就提及波兰尼的意会认知理论中的主体思想,并把它们与治疗结合起来。

国外尤其是欧美国家从各个层面深入剖析了波兰尼理论蕴藏着的巨大思想,对波兰尼思想的研究范围广泛,研究内容丰富,研究也很深入。

我国开始关注波兰尼意会理论源于国外波兰尼研究热的影响。20世纪80年代,意会理论对传统认识论的冲击力在波兰尼逝世后逐渐彰显出来,研究波兰尼思想的团体和社团纷纷成立,他们通过出版其著作、定期举行学术交流和出版刊物的方式不断对其理论进行深度解读,这一时期西方哲学界掀起了"波兰尼热"。20世纪90年代到21世纪初,随着知识经济和知识管理研究热潮的兴起,意会知识理论向应用领域扩展,推动"波兰尼热"继续升温。正是在此背景下,波兰尼所带来的巨大冲击波也引起了我国学术界的关注。

通过中国期刊全文数据库,我们对1983—2008年25年中发表的含有意会知识(包括意会知识、默会知识、缄默知识、隐性知识)主题的论文篇数进行了检索,并分1983—1992年、1993—2002年、2003—2008年三个时间段进行统计,得到如表1所示结果。

表1　"意会知识"文献统计表

名称 时间段　　检索数	意会知识	默会知识	缄默知识	隐性知识
1983—1992年 (10年)	14(篇)	0(篇)	0(篇)	1(篇)
1993—2002年 (10年)	72(篇)	41(篇)	37(篇)	667(篇)

---

①　Harold T W. The Theological Significance of Michael Polanyi[J]. Stimulus, 1997:12 - 17.

②　Thomas F T. Belief in Science and in Christian Life: the Relevance of Michael Polanyi's Thought for Christian Faith and Life[M]. Edinburgh: The Handsel Press, 1980; New York: Columbia University Press, 1980.

时间段 ＼ 名称 ＼ 检索数	意会知识	默会知识	缄默知识	隐性知识
2003—2008 年（5 年）	85（篇）	371（篇）	373（篇）	4 070（篇）
总计	171（篇）	412（篇）	410（篇）	4 738（篇）

资料来源：中国期刊全文数据库

总体可以分为：冷起步阶段（第一阶段 10 年）；新拓展阶段（第二阶段 10 年）；热爆发阶段（第三阶段 5 年）。

1. 冷起步阶段（1983—1992 年）

1983 年，刘仲林发表首篇研究波兰尼意会知识理论《认识论的新课题——意会知识——波兰尼学说评介》[《天津师范大学学报》(社科版)1983 年第 5 期]，该论文认为：意会认知理论开辟了一条不同于传统认识过程的新路。从实践到认识可以有两种结果，一是可能形成言传知识（有条理性），一是可能形成意会知识（有直觉性），这两种知识形式在认识中又互相渗透和转化。论文发表后，学术界没有反响，出现了一段较长时间的沉寂。整个 80 年代只有个别论文提及"意会知识"。默会知识、缄默知识的提法尚未出现。1984 年有一篇《语言学和应用语言学》（《山东外语教学》1984 年第 1 期）译文发表，该文作者是美国语言学家倪韦恩（O'Neil Wayne）教授，李亚非等在此文翻译中首次使用了"隐性知识"一词。

南京大学张一兵发表《波兰尼与他的〈个人知识〉》（《哲学动态》1990 年第 4 期）、《波兰尼意会认知理论的哲学逻辑构析》（《江海学刊》1991 年第 3 期），开启了 90 年代初讨论波兰尼思想的小高潮。时在天津师范大学的刘仲林教授发表《意会理论：当代认识论热点——庄子与波兰尼思想比较研究》（《自然辩证法通讯》1992 第 1 期），首次将我国古代庄子的思想与现代西方波兰尼的意会认识理论进行了跨时空的比较研究。武汉大学的肖静宁发表的《试论意会知识的认识论意义》[《武汉大学学报》(人文社会科学版)1992

年第 2 期]、《裂脑研究与思维方式互补》(《人文杂志》1991 年第 3 期),认为
波兰尼的意会知识既不同于实践、感性知识和理性知识,而又具有它们各自
的某些特性,从而成为言传知识的基础以及实践与言传知识的中间环节。
天津医科大学张建宁与刘仲林合作研究,结合自己的脑外科工作,发表《意
会知识的神经心理学分析》[《天津师范大学学报》(社会科学版)1992 年第 1
期],对意会知识的脑科学依据进行了有益探索。山西大学刘景钊的《意会
认知结构的心理学分析》(《山西青年职业学院学报》1999 第 1 期)则从心理
学的层次上阐述对意会认知结构的分析。

这一阶段的特点是,研究刚刚起步,研究者不多,但较平稳、扎实,基本
都用"意会知识"术语,除波兰尼思想评介外,还和马克思主义哲学、中国传
统哲学、脑科学、心理学、思维科学等进行比较研究,蕴含了后期理论研究的
方向和雏形。

2. 新拓展阶段(1993—2002 年)

这一阶段,以"意会知识"为术语的研究继续深化并向现实问题和实践
领域扩展。如:无锡轻工大学李弘毅的《波兰尼意会理论的深层内涵及其意
义》(《南京社会科学》1997 年第 12 期),认为通过意会认识可以融合科学主
义与人文主义;中南大学高帆、谭希培的《论意会认识》[《长沙理工大学学
报》(社会科学版)1994 年 1 期]指出,意会认识所遵循的是一种与言传认识
不同的非逻辑规律,即自由律、偶然律、相似律和模糊律;刘仲林的《中国文
化与科学意会论》(《自然辩证法研究》1999 年第 1 期)探讨了中国传统文化
与科学创造中意会知识的关系;山西省社会科学院刘景钊的《内隐认知与意
会知识的深层机制》(《自然辩证法研究》1999 年第 6 期)研究了意会知识与
内隐认知的关系;东南大学吕乃基的《论意会知识、编码知识与中国现代化》
(《学海》1999 年第 6 期)深入研究了编码知识和意会知识的辩证关系;山东
省委党校魏茂明的《推进我国的意会知识创新》(《发展论坛》2001 年第 4 期)
密切结合我国知识创新现实问题,探讨了意会知识创新的思路和方法。

这一阶段后半期,以 tacit knowledge 译文变化为标志,打破了 15 年约
定俗成的"意会知识"译法,开始出现几种译文并逐的局面。1998 年,日本学

者野中郁次郎著、陈洁译的《知识创新公司》(《南开管理评论》1998年第2期)在我国发表,该文以松下、佳能、本田等日本公司为例,分析了日本公司知识创新的过程。文章认为,意会知识是企业知识创新的关键,并提出了知识转化的四种模式。《南开管理评论》同期发表了范秀成的《野中郁次郎及其组织知识创新理论》和金明律的《论企业的知识创新及知识变换过程》两篇专文。三篇文章的出现,犹如号角三重奏,拉开了"意会知识"用语高潮的序幕。此后知识经济、知识管理、知识创新等应用领域的大量文章,多数运用"意会知识"术语,在这些领域外也有一些学者选择这一术语。如:清华大学肖广岭的《隐性知识、隐性认识和科学研究》(《自然辩证法研究》1999年第8期),改变了该杂志多年统一使用"意会知识"术语的传统。

2000年,tacit knowledge的翻译又出现新动向,意会知识、缄默知识的译文术语开始流行起来。1985年台湾的彭淮栋在翻译《博蓝尼讲演集》(博蓝尼即波兰尼的台湾译法)一书,在庄子"目击而道存矣,亦不可容声矣"和韩愈的"默焉而其意已传"的基础上,将"tacit knowledge"翻译为"意会知识",这种译法在台湾比较流行。2000年前后有些大陆学者也采用台湾的译法,如:复旦大学余光胜的《一种全新的企业理论(上、下)——企业知识理论》(《外国经济与管理》2000年第2期、第3期)(企业知识理论是近年才出现的一种新的企业理论),该文系统研究了知识吸收、知识共享、知识转移等活动,并初步考察了企业知识理论应用与研究的可能领域,该文使用的是"意会知识"。华东师范大学郁振华的《波兰尼的默会认识论》(《自然辩证法研究》2001年第8期)探讨了波兰尼意会认识论的基本内容,集中阐明了意会维度的优先性原理以及意会认识的基本结构,在此基础上,对波兰尼意会认识论的理论特征作了分析。郁振华还发表了《克服客观主义——波兰尼的个体知识论》(《自然辩证法通讯》2002年第1期)、《默会知识论视野中的科学主义和人本主义之争——论波兰尼对斯诺问题的回应》[《复旦学报》(社会科学版)2002年第4期]等论述波兰尼思想的系列文章,均使用"意会知识"术语。

美国斯腾伯格(Robert J. Sternberg)等的《专家型教师教学的原型观》

[《华东师范大学学报》(教育科学版)1997 年第 1 期]中使用的是"tacit knowledge"一词,高民等将其翻译为"缄默知识"。北京师范大学石中英在研究中使用"缄默知识"术语上具有一定代表性,他的《缄默知识与教学改革》[《北京师范大学学报》(人文社会科学版)2001 年第 3 期]概要介绍并阐明缄默知识作为一种知识类型的逻辑特征与认识功能,分析其与教学活动的内在关联,并从缄默知识的角度对深化我国当前教育改革提出了若干建议。石中英还发表了《波兰尼的知识理论及其教育意义》[《华东师范大学学报》(教育科学版)2001 年第 2 期]、《缄默知识与师范教育》(《教师教育研究》2001 年第 3 期)等系列文章。由此,教育教学研究领域使用"缄默知识"术语有所流行。

这一阶段最显著的特点是:出现了一个英文术语多种汉译并存的新奇景象,tacit knowledge 先后被译为意会知识、默会知识、隐性知识、缄默知识等四大名称,且在学术界并列流行,犹如四驾马车,把原本冷落的"意会知识"研究拉向了哲学、教育学、语言学、心理学、知识经济学、知识管理学十分热闹的领域,引来了中国"tacit knowledge"热爆发阶段的到来。

3. 热爆发阶段(2003—2008 年)

这一阶段,"意会知识"术语的研究稳步发展,在深化理论研究的同时,向应用领域不断扩展。如:著名中国哲学家、美国夏威夷大学成中英的《儒家和道家的本体论》(《人文杂志》2004 年第 6 期),将中国哲学与波兰尼意会知识作比较研究。中国科学技术大学刘仲林的《波兰尼"意会知识"的脑科学背景》(《自然辩证法通讯》2004 年第 5 期)探讨了意会知识和脑科学的关系。四川农业大学郭芙蕊的《意会知识的历史研究》(《天津市社会主义学院学报》2004 年第 1 期)对意会知识在中外哲学历史发展中的足迹进行了探讨。应用研究领域研究也很活跃,如:西南林学院李玉云、赵乐静的《论技术实践中的意会知识》(《现代农业装备》2005 年第 2 期),结合实际探讨了技术实践中的意会知识问题。黑龙江科技学院张忠有的《试论创造实践在创造教育中的重要性》(《现代教育科学》2004 年第 1 期)从波兰尼的言传知识和意会知识理论、创造理论和方法的层次结构性、发达国家创造教育的经验三个方面，论述了创造实践在创造教育中的重要性。

这一阶段，以意会知识、缄默知识、隐性知识为术语的文章则出现井喷式高速增长。如：默会知识、缄默知识在第一个阶段呈现为零篇；第二个阶段呈现分别为41篇和37篇；第三个阶段呈现猛增，达到371篇和373篇。以隐性知识为术语的文章增长更为惊人：在第一个阶段呈现1篇；第二个阶段呈现667篇；第三个阶段呈现猛增至4 070篇，5年呈现量约占25年呈现总量的86%，是名副其实的"热爆"。

在25年三个时间段中，以"意会知识"为术语的文章稳健式增长，以"隐性知识"为术语的文章热爆式增长，以默会知识、缄默知识为术语的文章居于二者之间，一个英文术语被翻译成四个不同的中文术语，并列畅行于我国学术界，形成"一女嫁四夫"的奇特景象，给人留下了难忘的印象和无尽的反思。

以上我们是从期刊文章的角度分析意会知识研究发展状况，没有涉及著作等情况。这里我们对翻译和研究著作情况做一粗略描述。波兰尼著作翻译有：彭淮栋翻译的《博蓝尼讲演集》(台湾经联出版事业公司，1985)；许泽民翻译的《个体知识——迈向后批判哲学》(贵州人民出版社，2000)；冯银江和李雪茹合作翻译的《自由的逻辑》(吉林人民出版社，2002)；王靖华翻译的《科学、信仰与社会》(南京大学出版社，2004)；彭锋翻译的《社会经济和哲学——波兰尼文选》(商务印书馆，2006)。

在研究性著作方面，刘仲林的《新认识》(大象出版社，1999)探讨了波兰尼、道家、玄学、禅宗、理学、科艺等方面的意会认识论。方明的《缄默知识论》(安徽教育出版社，2004)探讨了缄默知识的范畴、背景、性质、结构、认识论等。闻曙明的《意会知识言传化问题研究》(吉林人民出版社，2006)集中讨论了意会知识言传化的理论和方法。黄荣怀、郑兰琴的《隐性知识论》(湖南师范大学出版社，2007)深入探讨了意会知识在教育领域和管理领域中的应用。梁启华的《基于心理契约的企业默会知识管理》(经济管理出版社，2008)运用心理契约理论，研究了企业知识型员工之间以及企业主体之间的意会知识转移和共享机理。钱振华的《科学：人性、信念及价值——波兰尼人文性科学观研究》（知识产权出版社，2008）比较全面、系统地诠释了波兰尼人文性科学观。另有很多著作中讨论了意会知识问题，如石中英的《知识转型与教育改革》（教育科学出版社，2001）、刘大椿的《从中心到边缘：科学、哲学、人文之反思》（北京师范大学出版社，2006）等。

如上所述，"tacit knowledge"在中国至少出现了四个流行的翻译术语：意会知识（刘仲林，1983）、隐性知识（李亚非，1984）、缄默知识（彭淮栋，1985）、缄默知识（高民，1997）。

波兰尼认为有对立且互补的两种知识："explicit knowledge"和"tacit knowledge"。"explicit"直译有"明晰的""清楚的"等含义，"tacit"有"沉默的""不明说的"等含义。从字面上看，可直译成"明晰知识"和"沉默知识"，不过，这样表达的哲理意义不够确切，词义也不够和谐优雅。下面，我们比较分析一下流行的四个翻译术语。意会、默会、缄默都与中国传统文化有关联。笔者查阅《四库全书》，这三个词的出现频率如下："缄默"出现 1 373 次、"意会"出现 199 次、"默会"出现 70 次。从词语出现的频率看，"缄默"占优，但从词义看，"缄默"的含义是闭口不言、沉默寡言，表示故意保持沉默不语，而不是不能言，与"tacit knowledge"个体知识含义有较大距离。意会、默会中的"会"有自我领悟之意，与"tacit knowledge"的个体知识性质最为接近，是理想选词。

进一步比较可以发现，"默会"是个独立的单词，没有约定俗成的成对词语，有的学者用"外显知识"与"意会知识"对应，对仗不够工整。而"意会"和"言传"在《庄子》中是成对出现的。庄子说："世之所贵道者，书也。书不过语，语有贵也。语之所贵者，意也，意有所随。意之所随者，不可以言传也，而世因贵言传书。"（《庄子·天道》）成语"只可意会，不可言传"即由此而出。这样，由意会和言传分别组成的"意会知识"和"言传知识"正好契合了"tacit knowledge"和"explicit knowledge"，译意对称工整、优雅和谐，反映了波兰尼术语成对而出的原旨。意会知识译法在 1983 年全国科学哲学研讨会上为国内专家所认可，并在随后广为使用。因此，通过对中文和英文词义及哲理斟酌比较，如在意会知识、默会知识、缄默知识中三词选其一，则意会知识明显占优。

　　"意会知识"与"隐性知识"在表达"tacit knowledge"上可以说各有所长。仔细分辨,前者强调知识的意会认知过程,后者强调知识本身的隐性特征。前者哲理味浓,后者简明易懂。从哲学特别是认识论和方法论的角度说,"意会知识"的表达略胜一筹。从学术普及和应用的角度说,"隐性知识"的表达更直观、形象。总的来说,目前意会知识(包括默会知识、缄默知识)偏重在哲学、教育学、语言学中应用;而隐性知识偏重在知识管理、知识经济、知识创新中应用。当然,也有不少交叉混用现象。

　　1983年,刘仲林教授曾对 tacit knowledge 的翻译方法做了长时间思考。一方面,最后选定"意会知识"译法,不仅是对波兰尼作品内容的理解,也有亲身的科学研究过程实践的体验。刘仲林教授原来学物理学,对理论物理非常感兴趣,在想象、构思、推理过程中常常体会到"只可意会,不可言传"的认知境界。后来,在研究科学美和科学创造思维过程中,对这种认知越来越清晰,接触到波兰尼作品和思想后随即引起强烈共鸣,有一种水到渠成、豁然顿悟的感觉。另一方面,刘仲林教授在《波兰尼及其个体知识》一文开篇,谈的不是波兰尼,而是引用了庄子语录:"可以言论者,物之粗也;可以意致者,物之精也。"(《庄子·秋水》)。包含有开发中国传统哲学巨大的意会认识论资源,进行中西对比意会认识理论研究的前瞻性立意,非单纯仅就一个术语译法思考。

　　一个英文术语,对应四个不同中文术语同时流行的状况,容易引起不必要的混淆和混乱,不利学术研究的深入发展。从中文术语产生的时间先后以及术语内涵比较,我们建议目前可将四种译法归并为"意会知识""隐性知识"两种译法,待条件成熟时,再考虑是否统一为一种译法。

　　综上所述,波兰尼意会理论在中国的传播经历了20世纪80年代初始评介阶段,90年代研究拓展阶段,发展到21世纪高速发展阶段,在过去的时间里波兰尼意会理论的影响越来越大,促使相关科研立项和实践应用单位加大了资金投入,并且也取得了一定的成绩。

　　波兰尼意会知识研究是一个跨学科议题,其中哲学、教育学、管理学是三条主线。在过去的研究中,第一阶段以哲学探讨为主,主要是波兰尼意会知识的评介和哲理方法研究(比较偏重使用意会知识术语);第二阶段教育学研究比较活跃(比较偏重使用缄默知识术语);第三阶段在知识管理领域突飞猛进(比较偏重使用隐性知识术语)。从20世纪到21世纪之交,意会知识研究发生重大变化,原著翻译、论文数量、专著数量都发生突飞猛进变化。如果说20世纪80年代和90年代是序幕,则21世纪初叶迎来了高潮。

波兰尼的科学哲学思想一问世就引起了西方学者的广泛关注,虽然最初来自专家特别是科技哲学领域的批判声多于赞扬声,但是随着研究的深入,意会理论逐渐被学者特别是研究科学哲学的同行们认同,波兰尼本人也获得了众多的赞誉。纵观波兰尼的意会理论体系几乎涵盖了宗教学、神学、美学、社会学、心理学、语言学、科学史等科学哲学关注的所有领域,因此,不同领域的学者从不同的侧面以不同的角度进行分析和论证,以期达到深入了解和认识波兰尼的意会理论的目的。

本书是以比较研究为视角,以意会认知论为切入口,着眼于波兰尼意会理论与中国传统意会理论,主要探索与庄子意会思想的相通之处,深入论证意会认知理论的内涵,重点从基本概念和理论体系的比较进行考察,以期引起对意会理论的新的认识和反思。

第一章
波兰尼意会思想

英国哲学家波兰尼首次在认识论领域中系统地论述了意会认识。意会认识思想也是波兰尼的认识论中最核心的部分。本章力图通过追溯波兰尼个人的生活历程以及意会认知思想产生的理论渊源，以期对波兰尼意会理论有更深入的认识和了解。波兰尼的意会认识思想受到许多理论或流派的影响，在波兰尼的理论中，我们可以看到他对于这些理论或流派的某些研究方法的借鉴或概念上的引用。

第一节 波兰尼意会认知思想渊源

意会知识（tacit knowledge）最初是波兰尼在《个人知识》一书中针对客观知识提出的。在波兰尼的整个思想体系中，意会知识居于核心的地位。所谓的"知识"是人类共有的，与单个的人无关，它具有普遍性、客观性的特性；真正的知识也必须经得起经验的检验，一旦知识与经验相冲突，这一类的知识就会被抛弃。这种知识观可以追溯到洛克和休谟的身上，波兰尼认为这是客观主义科学观视野下的知识观，它以其大规模的"现代荒唐性"几乎统治了 20 世纪的认识论。客观主义把可证实的经验事实视为科学的标准。波兰尼认为这种观点实际上是一种带有自欺欺人理想的错觉。在波兰尼眼中,客观主义是 20 世纪科学主义的旗帜,它取消了作为科学主体的人本身在科学活动中的存在,最终将导致科学成为一个毫无激情的非主体化的纯粹的物理过程。

波兰尼通过对哥白尼时代以来的科学研究模式和体制的细致考察,并结合自身的科学经历,认为历来的科学研究中都存在着科学家主体意识的参与。科学家个人的热情参与是获取知识的必要条件,而科学上新的发现同样也依赖于科学家带有倾向性的主观判断。波兰尼又进一步地考察知识的获得过程(tacit knowing),在考察之后发现,知识的获得过程实际上是一种技能、一项艺术,它需要识知者的主观努力和想象。人们在从事某一项认识活动时,认识者是怀着某种责任感和普遍性的意图进行认识活动的,这种认识活动不是任意行为,更不是一种被动经验,认识者是在具有发生性前兆中寻求发现的,他对某一活动的认识是由服从现实条件的努力所引导着的,从意会认知理论的角度来看,这种认识所具有的预测性和现实条件的结合形成了个人知识。根据他的观点,识知(knowing,即知识的获得)是对被认知事实的能动领会,是一项负责任的、声称具有普遍效力的行为。波兰尼把西方学术传统中对个体价值的颠覆又重新颠覆过来,从而对知识的理解赋予了意会知识新的批判特性。

波兰尼意会思想的形成,深受康德思想、德国存在主义以及认识发生论思想的影响,波兰尼并不讳言这一点,在《个人知识》一书中多次提及康德和皮亚杰等人。虽不同于康德哲学纯粹思辨意义上的批判,但是波兰尼哲学继承了康德哲学的批判精神,意会认知哲学试图对笛卡尔以来所形成的那种贬斥信仰、传统、权威的倾向进行完全的翻转。波兰尼的学术思想也继承了"格式塔心理学"研究工作。意会思想的形成还有其特定的时代背景和脑科学的依据。

一、哲学思想渊源

自 17 世纪以来,形而上学的知识观逐渐被经验主义和理性主义的知识观取代。后者因其丰富的认识成果和巨大的社会影响力一跃而成为人类广泛认同的知识"范式"。经验主义和理性主义的知识观在许多方面(如知识的起源、知识的陈述、知识的辩护以及认识的过程等等)都有很大差异,但是它们在追求人类知识的"客观性"的理想上却是相同的。波普尔(K. Popper)认为它们之间的共同之处远远大于它们之间的差异。在经验主义和理性主义看来,现代科学的目的就是建立一套严格的、具备客观评价标准的知识体系,任何达不到这一标准的知识都只能被当作暂时的、有缺陷的、不完整的知识,并且这种知识的缺陷迟早应加以剔除,否则就应该被淘汰。然而,三百年来,他们所主张和追求的知识的客观性却总是遇到这样或者那样的诘难,有些理论甚至无法自圆其说。波兰尼非常深刻地指出,"客观性不需要我们用三尺之躯来评价人类在宇宙中的意义,也不需要我们用人类可怜的历史和变幻莫测的未来去评价人类在宇宙中的意义。它也不要求我们将自己看作是浩瀚无边的撒哈拉大沙漠一粒沙子。……它不是自我谦虚的劝说,相反,它是唤醒我们心中的皮格马利翁。"[1]这种客观主义的知识观,波兰尼认为最早可追溯到古希腊时期的两大哲学学派传统:毕达哥拉斯学派传统和爱奥尼亚学派传统。毕达哥拉斯学派一成不变地用数字来解释宇宙,他们把数字当作事物和过程的终极实物和形式。波兰尼说,两千年后由哥白尼发起的天文学理论的复兴,是对毕达哥拉斯传统的有意识回归[2]。在哥白尼以后,从开普勒到伽利略都在全心全意地继续毕达哥拉斯的探索,追求和谐的数字和几何学的杰出性。我们第一次看到了数字作为被测得的量进入数学公式里,就这样,哥白尼去世后的第一个世纪充满了毕达哥拉斯的影响。这些影响最后的一大表现也许就是笛卡尔的泛数学论:他希望通过领悟清晰而迥异的概念建立起科学的理论。但是,与此同时,一条不同的探讨路线也在逐步推进,这一路线起源于

---

① Polanyi M. Personal Knowledge: Towards a Post-Critical Philosophy[M]. Chicago: The University of Chicago Press, 1958:4.

② 迈克尔·波兰尼. 个人知识——迈向后批判哲学[M]. 许泽民,译. 贵州:贵州人民出版社,2000:9.

希腊的爱奥尼亚学派。被誉为"科学之祖"的泰勒斯是爱奥尼亚学派的创始人,是古希腊第一个自然科学家和哲学家。他把某些物质元素(如水、火、土等)看成是物质的构成元素,摒弃了毕达哥拉斯学派的神秘色彩,而通过观察来记录各种各样事物的观察结果。由爱奥尼亚哲学家派生出来的这一学派,在德谟克利特时期达到了巅峰。这两大哲学传统在中世纪被人为地隔断了,但是牛顿又重新把力学应用到物质的运动中,宇宙的主要性质被置于纯粹知识的控制之下,而其他的性质却可以从这一隐含的主要现实中衍生出来。就这样,带有客观色彩的知识论出现了并一直风行,在20世纪达到巅峰。在19世纪将近结束时,以马赫为代表的新的实证主义哲学兴起,它否认物理学的科学理论中声称的任何内在合理性,并谴责这种主张,认为它是形而上学和神秘的。以绝对的客观性为知识之理想,强调科学的"超然"品格,标举科学的"非个体的"特征。人类的认识以及科学研究过程中的所有主体性的成分都被视为有悖于客观主义知识理想的否定性因素[1]。在波兰尼看来,经过启蒙运动和现代实证主义的推波助澜,客观主义的科学观和知识观已然成为人们看待知识和真理的主导性观点。这种知识类型的典型代表就是逻辑实证主义。他们把目光集中在科学理论之上,把科学等同于一个高度形式化的、可以用完全明确的方式加以表述的命题集合,认为科学哲学的任务就在于对科学理论的结构作逻辑的分析。这样,一种理性批判的旗帜便树立起来了,并成为贯穿西方现代科学哲学思想的一条主线[2]。

波兰尼认为,科学知识的纯粹客观性的理想根本上是无法实现的虚妄,客观主义的科学观、知识观对人类的认识和科学研究的理解是很不完整的,它把人类认识和科学研究进行了过于简单化的描述。客观主义的知识理想不仅在理论上难以为继,在实践上也会产生严重的消极作用。现代文化中

---

[1]　郁振华.克服客观主义——波兰尼的个体知识论[J].自然辩证法通讯,2002,24(1).

[2]　钱振华.科学:人性、信念与价值——波兰尼人文性科学观研究[M].北京:知识产权出版社,2008:6.

事实和价值、科学和人文的分裂,以及由此而来的现代心灵的不适乃至病态,都与这种客观主义的科学观、知识观有关。正是这种对知识客观性的盲目崇拜和无休止的追求,导致了理智与情感、科学与人性、知识分子与普通大众之间的内在分裂,"伪造了我们整个的世界观",对人类历史产生了破坏性的影响。也正是由于看到了这些严重后果,波兰尼开始从科学领域转入哲学领域,系统研究知识理论特别是科学知识的性质问题,力图提出新的知识理论和知识理想。

这种知识理论就是以意会知识为基础的"个人知识"。他认为,在科学研究中,科学家的个体参与(personal participation)不仅不是一种缺陷,反而是科学知识不可或缺的、逻辑上必要的组成部分。立足于科学研究的实际和科学史上的大量事实,他指出这种个体性介入普遍地存在于形式科学(如数学、逻辑等)、精密科学(如物理学、化学等)、描述科学(如生物学、医学等)之中,当然更不用说社会科学和人文科学了。波兰尼认为"即使在最精密的科学运作过程中,也都有科学家必不可少的个人参与"①。所有的科学知识以至所有的人类知识,根木上都是个体精神活动的产物。这是一个已经被科学主义所遮蔽的认识论真理。波兰尼的工作,就是重新将它发掘出来,重新引起人们对科学发现过程个体性的关注②。

二、 心理学基础

现代许多哲学家、科学家、心理学家、脑科学家、语言学家、计算机科学家、教育学家等都对言传和意会两种认识现象进行过研究,其中波兰尼赋予意会以人所特有的意识这一角度来研究意会认识,建立了完整的意会认识体系,并对推动意会认识研究做出了重要理论贡献。

意会认识是人人都有的一种认识形式,没有它,语言文字就变成了噪

---

① 卡尔·波普尔. 客观知识:一个进化论的研究[M]. 舒炜光,卓如飞,周柏乔,等译. 上海:上海译文出版社,1987:243.

② 石中英. 波兰尼的知识理论及其教育意义[J]. 华东师范大学学报(教育科学版),2001(6).

声、废纸，无法被人类觉知。可见，意会认识的过程十分微妙、复杂，很难研究清楚。这一难题，很早就引起了心理学家的注意，他们纷纷尝试用各种学派的观点解释和分析意会认识现象。通常心理学家们论及的无意识、前意识、潜意识、边缘意识等，与意会认知都有某种形式的联系，但又不完全相同。波兰尼认为，可以通过"潜念"（subception）来确定意会认知的基本形式，这一形式能够以数量式的实验加以证明。"潜念"是由心理学家拉扎勒斯(R. S. Lazarus)和麦克利里（R. A. Mccleary）共同提出的。他们通过"向一个人出示一大数目没有意义的音节，在显示某几个音节之后，他们给此人一次电击。不久，这个人一看到'电击音节'，便露出预期电击的征候；问他，他却又认不出哪几个音节。他已经知道什么时候去期待一次电击，但是，他说不出是什么使他期待。他获得了一种知识，类似我们由我们无能言辩的症状而得知一个人时的那种知识"。而心理学家埃里克森(Erikson)和克西(Kuethe)证明了这个现象的另一形式。每当一个人碰巧发出某几个"电击字"的联合信号时，他们就给他一次电击。一会儿，此人就学会避免发出这种联合信号，以预防电击，询问之下，他却好像并不知道他有此做法。在这里，这位主体得知了一种实用的运作，却说不出他是怎么做成的。此种"潜念"有一个技能的结构，因为所谓技能，正是我们按照我们无能界定的关系去把我们无法一一指认的基本肌肉行动合并而成的。人所能知多于其所解言辩，这些实验无比清晰地显示了这句话的意思。这样，我们可以进而讨论以下的结果：在引证的两项实验里，潜念都是由电击诱导出来。第一案例中，主体被示以某些无意义的音节，然后受电击，从而学会期待电击；第二案例中，他学会压制而不发出会唤来电击的几个字的联合信号。在这两个案例中，产生电击的个别细部始终都是意会的。主体不能一一指认那些细节，而只是依靠他对它们的觉察去期待电击。正是在此实验心理学基础上，波兰尼推出了意会认识的基本结构。

波兰尼意会知识论受格式塔心理学、皮亚杰儿童心理学、沃勒斯创造心理学等诸多心理学说的影响，其中为意会知识论奠定基础的，当首属格式塔心理学。格式塔心理学在波兰尼意会理论中占有特别重要的地位，有的学者甚至认为波兰尼是传承格式塔心理学的"接着讲"者。[①] 波兰尼自己也认为他就技能所论述的非言传性与格式塔心理学的种种发现密切相关。[②] 格式塔心理学是西方现代心理学的主要流派之一,根据其原意也称为完形心理学。格式塔心理学1912年在德国诞生,后来在美国得到进一步发展,与原子心理学相对立。格式塔心理学采取了胡塞尔的现象学观点,主张心理学研究现象的经验,也就是非心非物的中立经验。在观察现象的经验时要保持现象的本来面目,不能将它分析为感觉元素,并认为现象的经验是整体的或完形的(格式塔),所以称格式塔心理学。由于这个体系初期的主要研究是在柏林大学实验室内完成的,故有时又称为"柏林学派"。其主要领导人是韦特海默(M. Werthemer)、克勒(W. Kohler)和考夫卡(K. Koffka)。通过研究,格式塔心理学发现人的知觉总是自然而然地表现出一种追求事物的结构整体性或完形性的特点。美国心理学家波林(E. G. Boring)指出:为了表达格式塔心理学的特征,最扼要的方式,莫如说它研究整体。它的资料就是人们所称的现象。格式塔心理学家们认为"gestalt"一词兼有这两个含义,一部分的原因是由于他们深信,对有意识的人来说,经验中的东西常常为一整体。你听见一个曲调,总是旋律的形式而非一系列音符,总是统一的整体,而不仅为其各部分排列的总和,或甚至不仅为各部分的一连串模型。经验即以此方式授之于人,表现为有意义的结构形式,即格式塔[③]。波兰尼对意会认识结构的理解受到了格式塔心理学的启发。

　　意会知识理论是建立在现代心理学和脑科学基础上的。作为波兰尼两种知识结构基础的,是他对人的觉察和活动的分类。波兰尼把人类的觉察活动分为两类:一类是"集中的觉察"(focal awareness),一类是"附带的觉

　　① 刘仲林. 波兰尼"意会知识"结构及其心理学基础[J]. 天津师范大学学报(社会科学版),2004(2).

　　② 迈克尔·波兰尼. 个人知识——迈向后批判哲学[M]. 许泽民,译. 贵阳:贵州人民出版社,2000:82.

　　③ 刘仲林. 波兰尼"意会知识"结构及其心理学基础[J]. 天津师范大学学报(社会科学版),2004(2).

察"（subsidary awareness）。在一个认识活动中，有某些因素由于人的直接注意而被认识的主体觉察，称为"集中的觉察"。在同一情况中，也有一些因素即使没被注意到，但也被认识者觉察，这就是"附带的觉察"。例如，听一个人的讲话，我们的注意力集中在话的意义上，所以集中觉察的是讲话的含义，但同时，我们显然听到了讲话的单词、语音、声调，这是一些我们没有专门注意但附带觉察到了的东西。集中觉察和附带觉察在人的认识中成对出现，它们像磁铁南北极一样，组成了"觉察连续统一体"。

波兰尼在分析集中的觉察（focal awareness）和附带的觉察（subsidiary awareness）的过程中，也受到了格式塔心理学派的启发。在整体和部分的关系上，格式塔心理学倾向于"从直觉理解为一个整体（a whole）出发来理解部分（parts）、从综合体（a comprehensive entity）出发来理解各个细节（particulars）的过程"①。凡是格式塔，虽说都是由各种要素或成分组成，但它绝不等于构成它的所有成分之和。一个格式塔是一个完全独立于这些成分的全新的整体。这里的新，是相对于原有的构成成分而言的。换句话说，它是从原有的构成成分中"突现"出来的，因而它的特征和性质都是在原构成成分中找不到的。一个三角形，是从三条线的特定关系中"突现"出来的，但它绝不是三条交叉线之和。按照同样的道理，一个曲调也不是某些乐音的连续相加，一个化合物分子也不是组成它的元素堆叠。按照这一基本特征，所谓格式塔是一种具有高度组织水平的认知整体，它自身有着完全独立于其构成成分的独特性质。更进一步说，部分不能决定整体，整体的性质却对部分的性质有极其重要的影响。格式塔的这一特征受到波兰尼的高度重视，他称之为"格式塔心理学的经典主题"。

波兰尼在分析动物和人的认知过程中，多次运用格式塔心理学的"变调性"特性。所谓"变调性"是指一个格式塔，即使在它的各构成成分（如它们的大小、方向、位置等）均改变的情况下，格式塔仍然存在（或不变）。例如，一个正方形，不管将它用线条画出还是用色彩画出，不管是红的画出还是蓝

---

① 郁振华.走向知识的默会维度[J].自然辩证法研究，2001(8).

的画出,不管它变大变小,不管是用木条构成还是用砖头筑成,它仍然是一个正方形。韦特海默举例说:一位音乐家演奏一支由六个乐音组成的熟悉曲子,但使用六个新的乐音,尽管有了这种改变,听众还是认识这支曲子。在这里一定有比六个乐音的总和更多的东西,即第七种东西,也就是六个乐音的格式塔质。正是这第七个因素能使我们认识已经变了调的曲子。①

意会认识论中的"顿悟"问题,也在格式塔心理学中得到实验验证和解释。波兰尼在论证中反复引用了格式塔心理学代表人物克勒的黑猩猩学习实验。实验的内容是,当把香蕉放到黑猩猩直接够不到的地方,它如何利用周围的东西做工具获得香蕉。在以中介的短手杖——取得最后的长手杖——再取得香蕉的迂回实验中,黑猩猩开始想用短手杖去拉取香蕉。由于没有成功,它就去拆取笼子网上的一段铁丝来代替手杖,但也没有成功,它就停顿下来,瞧瞧自己,环顾四周。它突然拾起短的手杖,一直向着外面放有长手杖的栅栏那边跑去,用中介的短手杖把长手杖拉过来,拿着长手杖,又把它带到靠近目的物的栅栏那边,用它取得了香蕉。从它的眼光落到长手杖开始,他的行动就没有一点间断,形成了一个连续的完整体。实验说明了黑猩猩在停顿之后,产生了一个新的转折,表现它在行动之前,对为什么和怎样进行活动,以及活动的结果,都已有所领会了。克勒指出,黑猩猩进行实验的学习过程,实际上是一个解决问题的认知过程。动物所以能解决新的问题,就因为它们能在新情境中通过顿悟来改造旧的格式塔,从而建立新的格式塔,这种瞬间发生的格式塔转换,是无法按照预定程序或办法达到的,其本质上是只可意会不可言传的,这是意会知识的动态过程。

正是格式塔整体顿悟学说把人们带入了个体知识的天地,但由于心理学家和哲学家的目的不同,格式塔心理学并没有引发出意会认识论学说,因为这一任务与科技哲学种种现象是紧密相关的。②

---

① 杜·舒尔茨. 现代心理学史[M]. 沈德灿,等译. 北京: 人民教育出版社, 1981:279.
② Polanyi M. The Study of Man[M]. Chicago: The University of Chicago Press, 1959:55.

三、 脑科学背景

波兰尼把人的活动分为两种：概念化（conceptual）活动（要借助语言）和身体化（embodiment）活动行为。比如：讲演、讲课、讨论、交谈是典型的概念化活动，而技艺表演、球类比赛、跳舞等是典型的身体化活动。绝大多数人类行为是一种言语的和身体的活动密不可分、二者兼有的统一体，如讲演要借助少量手势动作，球场上运动的球员也常用少而精的语言等等。概念化活动和身体化活动在人的活动中成对出现，它们组成了"活动连续统一体"的两个极。

把以上提到的两个"连续统一体"联系起来考虑，其结果是产生了第三个连续统一体——知识连体，即当"集中觉察"和"概念化活动"相联系时，产生了言传知识；当"附带觉察"和"身体化活动"相联系时产生了"意会的知识"，由于每一个实际觉察和活动都分别是各自两个极的混合物，所以每一项实际知识也是言传和意会的混合物。换句话说："知识连续统一体"是由言传和意会为两极所组成的连续统一体。

近几十年来对于大脑的科学研究有了很大的发展，脑科学的研究成果不断证实，人脑是长期历史发展的产物，是人类一切知识产生的物质基础。人脑神经元细胞是以 10^{11} 数量级来计算的，这些细胞相互联系、相互协调、相互制约，共同参与人类的活动。在人的生活过程中，感觉（如视、听、嗅、痛、说、触觉等）各感受器官每时每刻都接受着外部世界的刺激，但通常状况下人们只会对能够引起自己兴趣的或者新鲜的刺激最敏感。在这种情况下，人对事物的注意力就会有所不同，人会重点觉察一些重要的、自己感兴趣的东西，而另一些次要的、很熟悉的东西则受到抑制。这种现象的出现是注意作用的结果，它的正常运转依靠的是网状系统的激活作用。网状系统主要功能是控制觉醒、注意、睡眠等不同层次的意识状态。它通过异化作用、兴奋作用和抑制作用促进或者抑制神经系统中的信息源，从而通过干预人类觉察活动中的注意作用来达到参与人类最高级的心理过程的目的。

　　网状系统(reticular system)居于脑干的中央,是由许多错综复杂的神经元集合而成的网状结构。在神经系统内,除了一些界限清楚、机能明确的神经核团和纤维束外,尚有纵横交错的神经纤维交织成网,网眼内散布着许多大小不等、形态各异的神经细胞胞体。这些神经组织主要位于脑干的中央部分,但其纤维联系广泛,上达大脑皮层的高级中枢,下至脊髓的低级中枢,其机能十分复杂,既能对皮质机能活动(如意志、情绪、注意和记忆等)发生重要影响,又能对脊髓的各级反射进行控制①。新的研究发现,网状系统能参与许多不同的功能:诸如复杂的运动模式的组织、情绪反应的完成、注意力的加强、感觉阈限的调节和学习、记忆的促进与巩固等。所以,有人认为不能笼统地说它只是一个激活系统。对于外界的刺激,通常情况下网状系统通过注意力的作用,使人们产生集中觉察,而这种集中觉察所获得的信息往往能优先得到重视,再通过高级中枢的进一步分析整合转化为言传知识。然而从另一方面看,正是由于注意作用的存在,使其他一些被人们所感知的信息成为附带觉察的产物。这些信息被掌握时虽受到一定程度的抑制,但它们也伴随着言传知识的掌握或多或少地被贮存于记忆系统中,这就是觉察认识过程中意会知识的获得。从以上过程中可以看出,意会知识的产生带有一定的不自主性,在不同的个体所掌握的程度也并不相同。意会知识虽不像言传知识那样富有条理,但它却是对觉察对象多方面的综合反映。因此,意会知识不可能脱离认识的主体而存在,人的身心便是取得它的工具。意会知识本身难以进行形式逻辑分析,难以进行批判性思考,但它可能比言传知识更基本、更丰富,正如波兰尼所说的那样,"我们能够知道的比我们能说出来的东西多,而不依靠不能言传的了解我们就什么也说不出来"。这些也正是意会知识所具有的重要特点。②

　　意会知识的上述特点充分说明,在人的觉察实践中,仅依靠集中觉察所获得的言传知识是远远不够的。要想成为酒类品尝专家,就要习得品尝酒

---

　　①　张建宁.意会知识的神经心理学分析[J].天津师范大学学报,1992(1).
　　②　刘仲林.波兰尼"意会知识"的脑科学背景[J].自然辩证法通讯,2004(5).

类的无数不同混合的味道;要把自己培养成医生,就要在师傅的指导下经过长期的实践。一个想掌握师傅技巧的新手总是力图把师傅在实践上的综合技巧作为样板从内心上纳入自己的活动,通过这样的内心探索,新手就习得了师傅的技巧感。棋手通过重复师傅赛过的棋而进入师傅的思想境地。因此对一个仅靠语言信息而获取知识的人,可能会在实践中四处碰壁,"百闻不如一见"这句话就是一个精粹的概括。相反,一个掌握了丰富意会知识的人才有可能对言传信息有更深刻的领悟和应用,才有可能达到"心有灵犀一点通"的境地。由于意会知识具有一定的非逻辑性,常常成为灵感和创新的基础,因而在科学创造中起着非常重要的作用。

在人类的身体化活动中,意会知识同样具有突出的地位。人脑对于运动系统的支配是依靠锥体系统和锥体外系统来实现的。锥体系统是指大脑皮层发出的纤维神经沿脑锥体下行到脊髓的神经联系路径(即锥体束或皮层脊髓束)。这一条路径下行到脑干部位时,一部分纤维终止于对侧有关脑神经的运动核。锥体系统包括上、下两个神经元。上运动神经元起自大脑皮质中央前回,传出纤维(锥体束),通过内囊、大脑脚、脑桥至延髓末端交叉(锥体交叉)后成为皮质脊髓侧束,最后终止于脊髓前角的下运动神经元。由前角细胞发出纤维(脊神经)将冲动传至随意肌,支配肌运动,维持肌肉张力和反射活动,并传送神经营养冲动,维持肌肉正常代谢。人的每一个动作,尤其是复杂的技巧性动作都需要这两个运动系统的相互配合、相互协调。锥体系以外与躯体运动有关的传导通路统称为锥体外系,其主要功能是调节肌张力、协调肌的运动、维持体态姿势等。锥体系与锥体外系两者不可截然分割,功能是协调一致的。锥体外系结构较复杂,涉及脑内许多结构,包括大脑皮质、纹状体、背侧丘脑、底丘脑、中脑顶盖、红核、黑质、脑桥核、前庭核、小脑和脑干网状结构等,通过复杂的环路对躯体运动进行调节,确保锥体系进行精细的随意运动。可以认为,只有锥体外系对肢体保持稳定并给予适宜的肌张力和相应肌群的协调的情况下,锥体系才能执行随意的精细活动(例如手的运动)。有些活动(例如骑自行车、跑步)开始由锥体系发动起来的,当它成为习惯的自律性运动时便处于锥体外系的管理下。因此,锥体系的活动直接受到意识的控制,具有概念化活动的特点,较易为语言所表述,而锥体外系的活动基本不受意识的直接控制。当然,在完成某些复杂的活动如打篮球时的上篮、跳交谊舞时的旋转等时,锥体外系的活动需要相应的训练,这些训练是在意识的支配下有目的地进行的。但正是通过这种训练,人们才获得了相应的知识。这种知识难以通过语言进行表述和交流,而只有亲自参加训练才可能掌握它。并且,这种知识的运用具有一定的不自主性,这正是人类身体化活动中的意会知识。①

从对锥体系和锥体外系活动与意会知识的获得过程可以看出,意会知识的获得必须依靠亲身的实践,而言传知识尽管在人们日常交流中具有重要的作用,但在此过程中仅起到工具的作用。例如在游泳中身体协调自如是一种难以言传的意会知识,初学游泳的人仅掌握了书本上的游泳知识或教练教的方法,下水后仍会手忙脚乱,把握不住水性,必须经过多次亲身体验,才能掌握水中平衡的窍门。在这中间,言传知识可起一定的指导作用,但不能代替意会认识的实践。

哲学家吉尔(J. H. Gill)在阐发波兰尼的意会知识与言传知识概念时,把言传知识定义为集中觉察和概念化活动(语言)结合产生的结果。它的特征在于精确分析、言语表达,另一方面,意会知识可以看成是附带觉察和身体化活动作用产生的结果,主要特征在于直觉体验。言传的和意会的认知与大脑左右两半球的功能可以巧妙地联系起来。美国的罗杰·斯佩里(R. W. Sperry)博士从 20 世纪 50 年代初开始研究大脑半球功能。经大量动物实验发现,如切断大脑两半球神经联系,各大脑半球仍保留知觉,但不能相互传递。20 世纪 60 年代初,通过对癫痫病人研究证明,其大脑各半球均具有本身意识外,在知觉和记忆方面彼此不受制约。斯佩里以精确实验进一步证实,大脑两半球在功能上具有的明显分工:左半球同抽象思维、象征性关系、细节逻辑分析有关;右半球在具体思维能力、空

---

① 张建宁.意会知识的神经心理学分析[J]. 天津师范大学学报,1992(1).

间认识能力、对复杂关系理解能力方面比左半球优越,在计算能力和语言方面不及左半球。斯佩里的研究揭开了大脑两半球之秘,为人们了解大脑更高级功能提供了新观念。1981年,斯佩里因此项研究与休伯尔、维厄瑟尔共获诺贝尔生理学和医学奖。

斯佩里根据实验性分析研究,提出了大脑两半球既有各司其职的高度专门化,又有功能互补合作的特性,由此推翻了以往一直认为只有左半球占优势的传统观念。在解释听觉的印象(声音)和理解音乐时,右半球也优胜于左半球。然而,右半球的功能也有不足之处,它几乎完全没有计算能力,只能做20以内的加法。它虽然能够识别并理解简单的单音节名词的意思,但不能领会形容词或动词的含义。右半球虽然不能写,但在知觉域方面要比左半球优越得多。这些事实说明大脑半球之间存在着机能分布现象。具体来说,大脑左半球具有数学、语言、逻辑、分析、书写等类似支配能力;大脑右半球则具有截然不同的支配能力,具有包括想象、颜色、音乐、节奏等无拘束地"胡思乱想"的类似支配能力。

左右脑不仅在结构上有差异,更重要的是它们在高级心理机能上有着不同的分工。美国加利福尼亚大学的奥恩斯坦教授从中国《易经》的阴阳之道中得到启示,将左右脑问题与阴阳思想结合起来思考,认为左脑为阳,右脑为阴,大脑思维运动,就是一阴一阳之道。奥恩斯坦认为影响右半身的左脑主要负责意识与分析思考,尤其是语言与数理的功能,其运作的方式以直线为主,循序渐进,合乎逻辑。控制左半身的右脑则专司整合的功能,能够在极短的时间内将从各处输入的信息予以综合而付诸行动。如果对两个半脑中的未开垦处给予刺激,激发其积极配合另一半脑,它所起的作用,会使大脑的总能力和效率成倍地提高。所谓成倍地提高,不是按常规数学进行计算,当一个半脑发挥作用时,对另一个半脑产生的效果,往往是单独使用一个半脑时的5~10倍。右脑的语言能力相当有限,但对于空间定位、艺术创造、身体印象、面孔认识以及音乐符的感受等具有很大的影响。其运作的方式则以整体、潜意识与关联式为主。在日常生活中左右脑依情境的需要而交互使用。科学家做过实验,一个人右手疲劳的时候,一种办法是让两手都休息,另一种办法是在右手休息的情况下,让左手适宜地活动,结果用第二种方法,右手握力恢复得较快。马克思喜欢在紧张阅读、写作的间隙,用解高等数学习题作为一种调剂。学习时用的是右半脑,听音乐、歌曲时用的是左半脑。左半脑兴奋几分钟,右脑就可休息一下。用音乐来调节,做到合理用脑,在世界各大学里已被广泛重视。由此可见,凡是运用左、右两手同时进行操作的人,都能促使大脑的左、右两个半脑大幅度发展,充分发挥其潜力,使记忆和思维能力大幅度增长。左脑运作时,右脑便受压抑,这种情形在运动时最为显著。一个人在高坡滑雪时,他不能既滑雪又用语言(受左脑所控制)描述或逐步指导其滑雪的动作。在篮球比赛时,投手必须直觉而迅速地将全身肌肉统整起来而作空心之一投。若待左脑精密地分析情境、测量距离、决定投射,则良机顿失。所以常用左脑的书呆子其右脑就不够灵活。在创造的活动中,个体从右脑中获得一念之动,然后借左脑冷静地将念头付诸实施;或经左脑百思不解的问题,最后借右脑获得灵感。

最早发现左右脑在高级心理功能上存在着差异的是在 19 世纪。当时欧洲的神经病学家发现左脑损伤时,病人会出现语言障碍。但右脑损伤的病人虽然一般不出现明显的言语障碍,但却出现空间机能方面的问题,从此,脑科学家们普遍认为左脑负责语言。而右脑患病的人在看书看报时会出现只看一半的情况,让他们照着样子画一朵两侧对称的花,他只会画一半的花,另一半不画。右脑损伤的病人还表现出对空间三维结构不能把握的病症。一个很简单的用火柴搭成的三维图案他也摆不出来,如果你在纸上画个立方体让他照着画下来,病人也往往画不出来,或是画得非常差,没有立体的感觉。此外,右脑损伤的病人还会出现认不出人来,以及看不了地图、认不出路来的情况。左脑在言语机能上的优势和右脑在空间机能上的优势可以从脑损伤病人那里清楚地看出来。应当指出的是,这种功能上的划分并不是绝对的,因为有些实验表明,右脑也存在一些语言中枢,在左脑中也存在一些视觉—空间能力控制中枢。所以,只能说大脑两半球在不同功能上有各自的优势,也就是说,更擅长某些方面。在少数人身上,两半球这种功能还可能是对换的。就是说,存在于左半球的语言中枢、分析性思维由右脑控制,而整体性、形象性思维则由左脑控制。

值得一提的是,哲学家吉尔首次把左右脑研究成果与言传、意会认识之间的关系结合起来,提出了把言传、意会认识建立在现代脑科学的基础上的新课题,并进行了广泛的哲学讨论。他一方面提出大脑左半球和右半球的功能,另一方面提出言传的和意会的认知,这两方面之间都分别存在着明显的相互关联。这两对中每一对的头一项,都表示其中以概念和推理的清晰为首要的那个认识经历的范围;每一对的第二项,则指其中以关系上和身体上的判断为中心的一种认识范围。那么,似乎可以很自然地认为,既然言传认识是大脑左半球的功能,那么意会认识就是大脑右半球的功能了。① 言传与意会认知与大脑左右两半球功能之间存在着客观联系。吉尔的研究在裂脑与意会之间架起了一座桥梁,建立了言传认知与大脑左半球、意会认知与大脑右半球的对应关系。② 左半球因其功能和言传认知都是与以概念、推理和清晰的言语表达相一致的;而右半球的非静默性和意会认知都是与非语言的整体关系觉察、身体化体验活动相一致的,那么言传知识对应的是左半球的功能,意会认识就是大脑右半球的功能。

在区别言传和意会认识结果的基础上,一种看法认为大脑右半球是附带觉察身体活动的中枢。人们通过知觉与具体领会之间的互促作用,获得意会知识。这种意会知识又提供了一种框架或前后关系的一种模型,正是在这种框架或前后关系之中,以这种模型发生言传认识。有条理有分析的思维,毕竟只能在更加广阔的前后关系或更加具有意义的背景中产生。只有根据先前的(如果可能这样说的话)即使是由意会上承认其存在的整体,才能够这样认识它的各构成成分与形成阶段。正是在这种意义上必须承认,意会认知——从而可见还有大脑右半球功能——在逻辑上或概念上,都先于言传认知和大脑左半球的功能。主动接受的一方面是我们作为遗传的和实体的存在,另一方面是身体的和社会的环境影响,这两方面间的相互作

---

① J H吉尔.裂脑和意会认识[J].刘仲林,李本正,译.自然科学哲学问题丛刊,1985(1).

② 肖静宁.试论意会知识的认识论意义[J].武汉大学学报(人文科学版),1992(2).

用,通过大脑右半球形成意会认知的方式,使得前者的各种范畴与能力发挥作用。这是一种主动的而不是被动的动力。有了意会认识所提供的根据,才使更为专门化、更为明确的功能得以发挥作用——而在此以前这种功能只作为潜能而存在——并且由此产生言传认识。换句话说,开始时我们的注意力由我们的遗传下来的和体现出来的能力(存在于身体的与社会的现实中)转移到只是通过意会而形成的有意义的结构中;然后,我们的注意力又由这些通过意会而领悟的整体,转移到构成这些整体的那些细节与阶段,以及还构成其他整体的那些细节与阶段。波兰尼强调把身心感知的全局性作用作为一切知识的轴心或“达到了解的门径”,形成意会认识继而形成言传认识模式的相互联系、相互作用的论述。这样,前边已知波兰尼的三个连续统一体:由概念化活动和身体化活动组成的“活动连续统一体”、由集中觉察和附带觉察组成的“觉察连续统一体”、由言传认识和意会认识组成的“认识连续统一体”,现在由脑的结构和功能研究,笔者认为可以提出第四个连续统一体,即由大脑左半球和右半球组成的“大脑(左右半球)连续统一体”。第四个连续统一体是前三个连续统一体的结构核心和物质基础。笔者提出“大脑(左右半球)连续统一体”,包含这样一层意思:大脑左右半球功能不同是相对的而不是绝对的。神经心理学家本顿(A. L. Benton)指出:“所谓优势意味着半球机能中的不对称,亦即两半球以不均等的程度提供特殊机能。理论上,对于一种特殊机能的不均等程度可能是绝对的(一个半球独立调节此机能),也可能是相对的(一个半球在调节机能中较重要)。所提供的全部证据都认为绝对的不均等是罕见的,较通常的相互关系是相对的不均等。”①这种相对的不均等性正是意会认识与言传认识既相互区别又密切联系,在认识运动中有机结为一体的重要依据。

波兰尼认为人类的知识有两种:“通常被说成知识的东西,像用书面语言、图表或数学公式表达出来的知识,仅仅是知识的一种形式;而不能系统阐述出来的知识,例如我们对正在做的某事所具有的知识,是知识的另一种

---

① 刘仲林.波兰尼“意会知识”的脑科学背景[J].自然辩证法通讯,2004(5).

形式。如果我们称前一种知识为言传的知识,则后一种为意会的知识。"①在此,波兰尼提出了意会知识之说,认为人类的知识是由言传知识和意会知识两部分组成的,并且简要地界定了这两类知识之间的区别。在波兰尼看来,人类的知识大致可以分为两种,一种是依靠逻辑推论得出的言传知识,而另一类则需要依靠直觉领悟才能获得。不仅如此,波兰尼承认意会知识较言传知识具有逻辑优先性。与言传知识相对应的是逻辑思维,意会知识则对应着形象思维(意象思维)。

左右脑半球因功能上的不对称,在思维能力方面也表现出差异。左半球主要负责言语符号、分析、逻辑推理、计算数字等逻辑思维;而右半球主要负责非言语的、综合的、形象的、空间位置的、音乐的等形象思维。由此可知,左半球是抽象思维中枢,右半球是形象思维中枢。左脑功能特点是串行的、继时的信息处理,是收敛性的因果式的思考方式;右脑则是并行的、空间的信息处理,是发散性的非因果式的思考方式。从大脑两半球功能特点来看,在大脑左右半球中主要储存着两种信息,即语言信息和形象信息,或者说是概念系统和形象(或称表象)系统;形象思维与抽象思维也是人的两种基本思维。所以我们说形象思维法与抽象思维法也是思维的基本方法。左右脑分工理论表明左右脑以不同方式思维着,形象思维与抽象思维的互补时刻在进行着,这对于创造性活动确实至关重要。

思维方式的互补既是人脑功能活动的一种能力,也是人们进行认识活动的必要条件。形象思维主要是用直观形象和表象解决问题的思维,其特点是具备形象性、完整性和跳跃性。从信息加工角度说,可以理解为主体运用表象、直觉、想象等形式,对研究对象的有关形象信息,以及贮存在大脑里的形象信息进行加工(分析、比较、整合、转化等),从而从形象上认识和把握研究对象的本质和规律。例如,物理学中所有的形象模型,像电力线、磁力线、原子结构的汤姆生枣糕状模型或卢瑟福小太阳系模型,都是物

---

① Polanyi M. The Study of Man[M]. Chicago：The University of Chicago Press,1959：12.

理学家抽象思维和形象思维结合的产物。伟大的物理学家爱因斯坦是一个具有极其深刻的逻辑思维能力的大师,但他却反对把逻辑方法视为唯一的科学方法,他十分善于发挥形象思维的自由创造力,他所构思的种种理想化实验就是运用形象思维的最好例证。这些理想化实验并不是对具体的事例运用抽象化的方法,舍弃现象,抽取本质,而是运用形象思维的方法,将表现一般、本质的现象加以保留,并使之得到集中和强化。例如,爱因斯坦著名的广义相对论的创立实际上就是起源于一个自由的想象。一天,爱因斯坦正坐在伯尔尼专利局的椅子上,突然想到,如果一个人自由下落,他是会感觉不到他的体重的。爱因斯坦说,这个简单的理想实验"对我影响至深,竟把我引向引力理论"。正是基于这一点,爱因斯坦认为想象力比知识更重要,因为知识是有限的,而想象力概括着世界上的一切,推动着进步,并且是知识进化的源泉。严格地说,想象力是科学研究中的实在因素。[1] 想象是形象思维的高级形式,想象是在头脑中对已有表象进行加工、改造、重新组合形成新形象的心理过程。想象是形象思维的高级形式,更是认识的高级阶段。在波兰尼看来,想象力是科学家之所以取得科学成功的推动力。贝弗里奇说:"事实和设想本身是死的东西,是想象力赋予它们生命。"[2]科学和艺术活动中的直觉不能用语言充分地表达出来,但是远比言传的知识丰富得多,这种直觉的或者说是意会的知识,常常是创造活动不可缺少的条件。

以上事实说明,言传认识和意会认识的存在和发展,已不再是哲学家们的思辨假说,而正在为现代脑科学进展所证实。

---

[1] 爱因斯坦.爱因斯坦文集[M].许良英,范岱年,编译.北京:商务印书馆,1977:409.

[2] WIB贝弗里奇.科学研究的艺术[M].陈捷,译.北京:科学出版社,1979:61.

第二节　意会知识

一、意会知识的概念

"人类的知识有两种。通常被说成知识的东西，像用书面语言、图表或数学公式表达出来的知识，仅仅是知识的一种形式；而不能系统阐述出来的知识，例如我们对正在做的某事所具有的知识，是知识的另一种形式。如果我们称前一种知识为言传的知识，则后一种为意会的知识。"①这一定义是波兰尼在 1957 年出版的《人的研究》一书中首次对意会知识的定义。

据此，波兰尼以意会知识为出发点，通过具体分析和论证，建立了一个完整而系统的个人认知体系。在波兰尼看来，知识由意会知识和言传知识两部分组成，相对于言传知识而言，意会知识具有逻辑优先性。意会知识是波兰尼整个哲学体系的基础。我们可以在众多脸孔中辨认出我们认识的人的脸，这种技能通常我们是无法用语言说出来的。"我们知道的比说出来的多"清楚地表明了意会知识的内涵。

意会知识不能或者很难用语言、文字等符号来表达清楚，意会知识的不可言传的性质使得知识的传播过程中更强调识知者自身形成的感受。根据挪威哲学家格里门（H. Grimen）的梳理，对"意会知识"概念，至少有四种不同的理解②：

第一种是"有意识的欠表达论"（the thesis of conscious under articulation）。按照这样一种理解，意会知识是一种我们有意识地试图加以掩盖、避

---

① Polanyi M. The Study of Man [M]. Chicago：The University of Chicago Press，1959：12.

② 郁振华. 从表达问题看默会知识[J]. 哲学研究（人文科学版），2003(5).

免用语言去表达或者欠表达的知识。比如在婚姻或政治妥协中,有关的各方不把关于对方所知道的一切完全表达出来,常常是明智的。这种有意识的欠表达,有助于良好关系的维持。对意会知识概念的这种理解也许会引起一种社会学的兴趣,却没有多少认识论上的相关性。

第二种理解被称为"格式塔式的意会知识论"(the gestalt thesis of tacit knowledge)。当一个人在从事某项活动(如弹琴、骑车等)时,他必须依赖某种既成的背景,只有这样,该项活动才能顺利地进行下去;相反,如果他把注意力集中在这种背景上,并试图把它用语言表达出来,那么,他就会打断该项活动。行动者所拥有的这种未言说的背景知识,是一种意会知识。值得注意的是,对意会知识的这种理解,只是断定说,为了不中断行动的过程,行动者不能将他所依赖的背景知识用语言表达出来,而并没有断定说,这种知识在原则上是不可言说的。因为,行动者在行动过程中不能言说的东西,完全可以在行动之后或者由他人来言说。格里门认为,对意会知识的这种理解,明显地受到了格式塔心理学的影响,所以他把这种理解称作"格式塔式的意会知识论",并认为波兰尼的思想就接近于这种主张。

第三种理解可称为"认识的局域主义论"(the thesis of epistemic regionalism)。一个人所拥有的全部知识,构成了一个巨大的、具有松散联系的且不那么条理清晰的系统。在一个特定的时刻,一个人只能对这个知识系统的某些局域加以反思地观照,并用语言来加以表达,没有人能够在同一时刻言说整个的知识系统。在能够清晰地观照和言说我们的知识这个意义上,我们都是认识的局域主义者。换言之,在任何一个特定的时刻,在我们的思想和行动中,总有许多未加言说的知识,即意会知识。按照这样去理解,虽然在一个特定的时刻,我们能够言说的知识是有限度的,但没有什么特别的知识成分是原则上不能言说的。

第四种理解是最强的,格里门称之为"强的意会知识论"(the strong thesis of tacit knowledge)。按照这种理解,存在着一些特别的知识类型,它们在原则上是不可言说的。格里门认为,对意会知识的这种理解,比前面三种理解都要极端,所以,格里门称之为"强的意会知识论",而把前面三种理解称为较弱的主张。格里门坚信,强的意义上的意会知识是存在的,比如说,对感觉性质的知识、对格式塔的同一性(如面相、表情)的知识、对构成一个行动的各个步骤的先后次序的知识,即所谓的"行动的舞蹈编排"(the chore-ography of an action)的知识等等,都是难以用语言来充分表达的。在这些场合下谈论意会知识,并不意味着在这些情况下语言是不必要的,而是说,对于获取和传达这些知识而言语言是不充分的。格里门认为,对于上述三种情况,认识者若是缺乏经验,仅仅依靠语言文字的描述是无法获得知识的。总之,强的意会知识论,凸显了知识和语言之间的逻辑鸿沟,肯定了某些原则上不能用语言来充分表达的知识的存在。格里门认为,强的意会知识论更多的是和维特根斯坦传统相联系的,他对波兰尼是否支持"强的意会知识论"表示怀疑。格里门是维特根斯坦哲学的追随者,他对波兰尼意会知识的理解,多少有些语言学派的影子。

维特根斯坦有两本著名的著作《逻辑哲学论》和《哲学研究》,但后者并不是对《逻辑哲学论》思想的继承,而是对后者的否定,但这两部著作之间也有一定的联系,如某些哲学主题没有发生变化,其中一个主题就是维特根斯坦对人们理解世界的方式表示担忧,因为人们总是不加批判地强调用科学的方法去理解世界。

在《逻辑哲学论》中,维特根斯坦重点讨论了语言和现实的关系问题。语言对现实具有决定作用,这是因为语言不仅能够表示现实世界的物体,它还能够通过其形式和语法来表示物体之间的关系。例如,当我们说"猫在沙发上"时,这句话的意思不仅表示一只猫和一张沙发,而且还说明了猫和沙发之间的关系。但是他认为语言只能表述一切事实上的或者逻辑上可能的事物,不能用于解释其本身的意义。超出逻辑上可能之外的东西,是不能用语言来描述的。那些企图在语言中以跨越语言局限的传统哲学、美学所论及的问题超出了语言的逻辑界限,应当取消。维特根斯坦否定传统"哲学问题"和命题存在的意义。

维特根斯坦对生命怀有某种具有诗意和艺术感。他认为这个世界有不可理解的一面。"真正神秘的并不是世界万事万物的存在方式,而是这个世界确实存在。"①维特根斯坦认为生命、宇宙和世界存在着神秘的东西,这种神秘的东西不可能用语言合理地表达出来,它们自己会通过自己的方式表达出来,但是人类的语言却无法说出来。维特根斯坦认为,对于这些神秘的东西,我们应当沉默。在此,维特根斯坦肯定了语言表达的局限性,但是对于不可说之物,他认为人类是无法探秘的,具有神秘主义的思想,而波兰尼不赞成维特根斯坦把知识冠以神秘经验之说。他说:"当我说到不可表达的知识时,应从字面意义上去理解,而不应被视为神秘经验的名称。"②波兰尼又进一步指出"不可言传"的东西,并不就是不能谈论的东西,"断言我自己具有不可表达的知识并不是要否认我能谈论这种知识,而只是否认我能恰当地谈论它"③。"我所说的'不可表达'只是意味着我知道并能描述的某种东西,尽管这种描述比通常的情形更不准确甚或非常模糊。"④由此,针对断言维特根斯坦的"凡不可说的,应当沉默",波兰尼指出,对不可言传的默会认识的讨论"既不是不可能的也不是自相矛盾的"⑤。

在《逻辑哲学论》中维特根斯坦认为语言决定现实,而在《哲学研究》中,他就提到了婴儿语言,他认为婴儿在学会某种语言之前就已经掌握了某种类似于语言的东西,波兰尼称之为前语言阶段。"语言游戏"是维特根斯坦首次使用的一个术语,它强调语言使用的方式,即语言使用是在一种社会活动形式中,受一定规则的制约,同时受社会环境和一系列人类活动目的的限制。人们并不是在反复的说教中学会使用单词的,相反,单词是在活动的过程中获得了意义。在他看来,语言游戏有多种,其中有用于描绘、断定或记

---

① 维特根斯坦. 逻辑哲学论[M]. 贺绍甲,译. 北京:商务印书馆,1996:104.

② 迈克尔·波兰尼. 个人知识——迈向后批判哲学[M]. 许泽民,译. 贵阳:贵州人民出版社,2000:128.

③ 迈克尔·波兰尼. 个人知识——迈向后批判哲学[M]. 许泽民,译. 贵阳:贵州人民出版社,2000:135.

④ 迈克尔·波兰尼. 个人知识——迈向后批判哲学[M]. 许泽民,译. 贵阳:贵州人民出版社,2000:131.

⑤ 迈克尔·波兰尼. 个人知识——迈向后批判哲学[M]. 许泽民,译. 贵阳:贵州人民出版社,2000:135.

述的,可是其他无数的语言游戏则不起这样的作用,但它们仍然是语言。在语言游戏之外,离开一定的语境,就根本无法确定事物究竟是复合的还是非复合的。维特根斯坦开创了日常语言分析哲学尤其因为强调了语言游戏就是生活形式的一部分,把说话和行动统一起来,为以后语言哲学内的言语行动理论奠定了基础,对后来许多哲学家有着深远的影响。在如何看待语言本质的问题上,波兰尼认为,语言的学习与使用应建立在个人知识基础之上。他将语言形成过程看作意义给予和意义阅读过程,认为语言并非是一个独立的系统,它总是与我们的日常生活息息相关。

维特根斯坦从语言本身的意义出发来界定不可言说性[①],而波兰尼则着眼于主体人的参与性来认识意会知识;维特根斯坦的不可言说导致纯粹哲学即排斥哲学中形而上的东西,而波兰尼的意会知识则是要恢复传统哲学中的人的要素,克服逻辑实证主义中对认识主体的否定。出发点的不同导致结果上的差异。在知识的非言传性问题上,波兰尼和维特根斯坦有认识上的交集,也就意味着一方面他们有很多的可以相互借鉴的地方,两者把生活的世界作为把握自我的一个必要环节,从而使其知识论向人类知识论靠拢。在《个人知识——迈向后批判哲学》一书中,波兰尼就提到了维特根斯坦的"不可说"的思想。维特根斯坦的思想无形中也会对波兰尼产生深刻的影响。

波兰尼关于知识的定义,后来在知识管理和组织管理中被广泛采用。在波兰尼之后,对意会知识的研究比较有代表性的是哈耶克、斯腾伯格、野中郁次郎。他们分别从经济学、心理学以及企业管理的角度提出了自己的看法。

野中郁次郎认为,意会知识是高度个人化的知识,具有难以规范化的特点,因此不易传递给他人;它深深地植根于行为本身和受个体所处环境的约束,包括个体的思维模式、信仰观点和心智模式等,这些模式信仰观点是如此根深蒂固,以至于我们习以为常,不自觉地接受了它们的存在,并在观察世界的时候受到它们的巨大冲击。野中郁次郎在此基础上提出言传知识和

---

① 维特根斯坦.逻辑哲学论[M].贺绍甲,译.北京:商务印书馆,1996:104.

意会知识相互转化的四种类型和知识螺旋。

纵观所有关于意会知识的概念界定,不难发现意会知识在波兰尼那里被赋予了形而上的意义,虽然波兰尼并没有用语言直接表述出来。波兰尼陈述说,这种知识不仅在日常生活中存在,就是在一直以为是理性化的科学研究领域也存在着。在科学活动中,科学家在确定研究的对象之前,总要做出许多的预设,对研究对象怀有某种科学信念,尽管科学家对这一假设和信念并没有清楚地了解,虽然无法明确地表达出来,但是科学家往往对自己所坚持的认识坚信不疑,这就是科学研究领域中存在的意会知识。波兰尼认为,意会知识是一种识知(knowing)的艺术,作为识知的艺术的知识是非言述的,无法用语言清晰地表达。无论是属于技能层次的,包括那些非正式的、难以表达的技术、技巧和诀窍,例如游泳、骑自行车等,需要参与者的亲身实践获得的知识,抑或是认识论层面上的意会知识,包括信念、思维模式、洞察力和价值观等,均无法用语言清晰地表达出来。

二、 意会知识的基本特征

意会知识的最大特点就是它的个体性。认识是一种艺术,它不能脱离认识的主体。"知识的个体性"似乎有悖于常理,因为真正的知识总是被认为是与个体无关的、普遍公认的、客观的。但在波兰尼看来,修改"识知"的观念,把识知视为对认识对象的能动领会,是一项要求技能的活动。波兰尼说,把人的主体因素排斥在外的认识活动,是无法产生知识,更是不能理解知识的。人类的认识活动是建基于个体的技巧,以此达到意会整合。波兰尼认为:"通过了解同样活动的全过程,我们才能了解另一个人的内心的东西。一个想掌握师傅技巧的新手总是力图把师傅在实践上的综合技巧作为样板从内心上纳入自己的活动。通过这样的内心探索,新手就得到了师傅的技巧感。棋手通过重复师傅赛过的棋而进入师傅的思想境地。"①

---

① 刘仲林.波兰尼及其个体知识[Z]//中国现代哲学学会.现代外国哲学(第5辑).北京:人民出版社,1984:267.

在认识过程中,认识主体怀着责任感和普遍性意图而进行认识活动,其行为遵从或取决于附带觉察,并与某种隐藏的现实建立起联系。这种联系预示着范围不定的、依然未知甚至是依然无法想象的真实的隐含意义。作为认识的过程和结果的任何知识,其客观性以现实性为基础,但其中又离不开其附带觉察,这种支持背景与现实的联系就是知识的客观性,而这种客观性与"个人性"相结合就是所谓的"个人知识"。[①]它的目的就是企图恢复个人在知识中的作用,修正长期以来客观主义知识观带来的偏颇。

意会知识的最主要的特征就是不可言传性。这是意会知识和言传知识最显著的区别。不可言传性在波兰尼看来有其特定的含义,为此,波兰尼在《个人知识——迈向后批判哲学》一书中专门开辟一节来论述意会知识的不可言传性。波兰尼认为,知识之所以是不可言传的主要是基于"附带性或工具性知识其本身是不可知的,只是以某种在焦点上可知的东西为条件时才是可知的,而且其可知性也只能达到其作出贡献的程度。正是在这种意义上它是不可言传的"[②]。例如,品尝专家可以系统地阐述自己的理论,但是他们知道的东西远比他们说出来的多得多,因为有些东西只在实践中知道,即波兰尼所说的工具性细节,身体化活动所形成的知识是不可以言传的,只能通过实践上的示范而绝不能只通过遵从技术准则来传授。这种情形同样适用于科学研究领域。意会知识的不可言传性主要有三类情形:一、通过亲身实践获得的知识无法用言语清楚、准确地表达出来,使表达具有某种不确定性,例如感觉;二、认识过程非言述性在这里包含着语言无法指认出具体的对象以及在实践过程中的感受;三、言语符号构成的解释系统本身的缺陷使表达具有不确定性,无法准确地表达。

波兰尼认为这种不可言传性根源于人类拥有巨大的心灵领域,这个领域里不仅有知识,还有礼节、法律和很多不同的技艺,人类应用、遵从、享受

---

① 迈克尔·波兰尼.个人知识——迈向后批判哲学[M].许泽民,译.贵阳:贵州人民出版社,2000:5.

② 迈克尔·波兰尼.个人知识——迈向后批判哲学[M].许泽民,译.贵阳:贵州人民出版社,2000:131.

着这些技艺,或以之谋生,但又无法以言传的方式识知它们的内容。① 它在逻辑上的不可言传性,是由于我们把注意力转向整体中的部分时所造成的分解效果。② 不可言传性不是不需要语言表达,语言表达是别人理解的前提,若没有语言表达,人与人之间就无法交流,而且语言交流有时也会受到环境的影响,科学研究尤其如此。比如从事物理研究的人,可能对医学领域并不是很精通,如果有人用医学术语来跟物理学领域的人交流,后者可能无法理解,因为没有共同的语言交流的背景,问题就变成了不可言传的问题。

整体性是意会知识的又一个特征。波兰尼认为各种知识是被作为一个整体来把握的。这种整体性是由识知者的集中觉察和附带觉察的特性决定的。识知者对识知对象整体和部分的关注方式不同,在集中觉察事物整体的同时,附带觉察到了事物的细节,这样就形成了对观察对象的整体认知。例如,音乐家在弹钢琴的时候把注意力集中在对曲谱的总体把握上,而附带的觉察放在手指和钢琴的琴键上;一个讲话的人集中觉察的是讲话的内容,只是附带觉察了词语本身。在这些行为中,识知者都对认识对象有总体上的把握。相反,如果识知者把附带觉察的东西转化成集中觉察的对象,那么他们的动作就会发生混乱或者对被认识对象的意义解释不清楚,整体性发生肢解,甚至会引发错误。从这种意义上看,意会知识具有整体性。

波兰尼还认为意会知识相对于言传知识具有非批判性。非条理化的理智只能通过从事物的一个观察点到另一个观察点的跳跃来探索道路,在这种情况下所获得或保持的知识可以成为非批判性的。波兰尼认为人类整个的言传知识装备只是一个工具箱,一个用来布置我们言传官能的、极为有效的仪器。人类运用自身的信念去寻求澄清、验证所说、所经验的事或者给它们精确性。我们从一个我们觉得问题重重的立场推移到我们发现比较令人

① 迈克尔·波兰尼. 个人知识——迈向后批判哲学[M]. 许泽民,译. 贵阳:贵州人民出版社,2000:94.
② 迈克尔·波兰尼. 个人知识——迈向后批判哲学[M]. 许泽民,译. 贵阳:贵州人民出版社,2000:95.

满意的立场，我们以此方式，终而得以执信一个知识为整理。[①] 对于言传知识，我们能够用批判的方式反省，但是，却无法以同样的方式反省存在于我们头脑中的意会知识。人们利用意会知识不断地批判或者校正现有的言传知识，使得意会知识的范围不断扩大。而个人的意会知识因为其不可言传性而无法成为反省的对象，从这个意义上讲，意会知识具有非批判性。

意会知识带有强烈的个人情感色彩。意会知识形成的特点决定了其具有浓烈的情感追求。追求内心和谐，外在表现为对美的问题的吸引。"在物理学一条物理理论之美则是该理论之科学价值的标记。享受这个美，是说内敛于此理论之中，并且观察它如何得到事实的确定；物理学家怀着乐趣去内敛于生命之自然形式的式样……"[②]对美的追求是科学家在无数次的科学实践活动中形成的，同时它也是人类在认识中可以追求美的天性，是理性和非理性双重的结合，意会知识虽然缺少严密的逻辑论证，但却使对事物的认识过程带有个人意向。

除此之外，意会知识还具有意向性、动态性等各种性质。因为知识在波兰尼看来是个人的一项活动，最好被描述成认知过程、寻求新知识的过程。从这个意义上说，意会知识又是认识论，一种有别于传统知识论的认识论。

三、 两类知识的关系

波兰尼认为，意会知识是言传知识的基础，意会知识是一切知识的根源。相对于言传知识，意会知识具有逻辑优先性。意会知识是自足的，而言传知识则必须依赖于被意会地理解和运用。因此，所有知识不是意会知识就是根植于意会知识。一种完全言传的知识是不可思议的。[③] 这是波兰尼

---

① 迈克尔·波兰尼. 波兰尼讲演集[M]. 彭淮栋，译. 台北：台北联经出版公司，1985：43.

② 迈克尔·波兰尼. 波兰尼讲演集[M]. 彭淮栋，译. 台北：台北联经出版公司，1985：43.

③ Polanyi M. Knowing and Being：Essays by Michael Polanyi[M]. Edited by Marjorie Grene. London：Routledge and Kegan Paul，1969：144.

对两种知识之间的关系做出的最精辟的概括。

首先,言传知识的表达形式离不开意会认识。关于意会知识,波兰尼给出了精确的定义,"不能系统阐述出来的知识,例如我们对正在做的某事所具有的知识,是知识的另一种形式"。由此不难看出,波兰尼认为意会知识具有非言述性,言语不是意会知识表达的形式。作为一种人类心灵所产生的领悟力量,意会知识实质上是一种认识机能(faculty),包含着人对世界的认识。所以,在很多场合,波兰尼认为意会知识就是人的认识的能力,他称之为意会能力(tacit power),在人的意会能力中,有的强调理智意味,如知道如何指认出某人的面容,有的重视实践意味,如知道如何骑自行车。在客观主义知识观占主导地位的情况下,非言传能力对认知行为进行了深度参与,言传认识的单位看上去似乎是词汇,形成言传认识也似乎是从积累词汇开始的,但这只是假象。维特根斯坦指出,"只有语句才有意义",这是有道理的。事实上,人正是在交往中,通过一定背景、语境下发生的事实,认识到事物"语词"的指称之间的关系,从而才掌握了语词的意义,认识了语词的功能。因此,人们不是从单独的言传知识学习语言,而是从生活行为、交往实践中对事实的非言感悟或体味中才领会到语词的意义,从而学会了语言的。维特根斯坦认为一种表述只有在生活之流中才有意义,所以他说"想象一种语言就意味着想象一种生活形式"。在生活中领会语言,这意味着人们在获得言传知识的时候,一直是借助于意会的认识。① 人类任何通过语言和其他方式呈现的言传知识也必须有意会知识的支撑,因为人类获得知识的过程本质上也是"一个意会的认识过程"。波兰尼认为"没有人会相信一个他所不能理解的证明",一个我们不理解的数学证明不能增加我们的数学知识,只有当我们信服了这个数学证明,我们才能掌握这个用语言或者公式"言明"的数学知识。② 可以说,在许多情境中,意会知识是人类知识的内核和内容,而言传知识只是在内核上赋予了知识可以表达的外形。

---

① 郭芙蕊.意会知识与科学认识模式的重建[J].自然辩证法研究,2003(12).
② 迈克尔·波兰尼.波兰尼讲演集[M].彭淮栋,译.台北:台北联经出版公司,1985:23.

其次,意会知识在逻辑上先于言传知识。通常,言传的东西总是具有某种缺陷,这种缺陷在波兰尼看来是很常见甚至有时表现得还很突出。因此,在任一场合,认知主体理解言传因素,必须依赖个体的意会能力。"如果我们无法信任这一能力,词语能连贯一致的运用这一构想就无法实现,这并不暗示着这一能力是无懈可击的,而只是意味着我们有能力行使这一能力并必须极度依赖于对它的行驶。"①在主体运用言传知识实践的过程中,意会知识也起到了十分重要的作用。这是因为识知者本身所具有的意会知识不同,这种不同造成了个体的人在领悟、接受、实践及反思中会产生巨大的差异。

在传授过程中,传授者总是尽可能地企图将自己所获得的意会知识用恰当的语言陈述出来,从一定意义上说,意会知识的逻辑优先性在逐渐扩大言传知识的范围。但是,对于一个技能的识知者而言,无论他多么努力也不可能把自己的意会体会、领悟完整无缺、恰如其分地完整地表达出来。这里总有转述缺失甚至无法言述的东西存在。"我们随着说某事的意图发出一个陈述。尽管一个意图转变成词句时信息有可能进一步发展,因而这一意图可能并不包括对所要说出的东西的预知,但在说之前,我们总会近似知道我们要说的意思。"②同时,意会知识不是规范化的,它充满了个体差异性。所以,"言传"还要回归到"意会"。

再者,言传知识对于形成新的意会知识具有反作用。波兰尼认为,通过恰当的符号化都可以提高我们的求知能力。很明显,单纯对符号操作一事本身并不能提供任何新的信息,它之所以有效只是因为它协助非言传的心灵能力解读它们的结果。"与言述对记忆的种种服务相关联的是他们协助

---

① 迈克尔·波兰尼. 个人知识——迈向后批判哲学[M]. 许泽民,译. 贵阳:贵州人民出版社,2000:136.

② 刘仲林. 波兰尼及其个体知识[Z]//中国现代哲学学会. 现代外国哲学(第5辑). 北京:人民出版社,1984:268.

发明家进行沉思想象的能力。"①并且列举了印刷术的发明极大地加快了文字记载的再生产速度并使这些只是更加简明扼要以后,才使极为零散的知识发展成为系统科学。值得注意的是,言传知识能够被清晰地表达出来,这种清晰的表达的知识使得许多信息得以保存和交流。冯友兰先生说:"人必须先说很多话然后保持沉默。"(《中国哲学简史》)对于知识,人们只有先学习有声的、用言语等形式表现出来的知识,掌握大量的言述知识,能让人们学习到大量的前人的经验,基于这种经验的基础上,人们可以获得更多的意会知识。波兰尼说:"符号的学习是意义外延的第一步。"②

波兰尼把人类的知识划分为意会知识和言传知识,扩大了知识的概念,从认识的角度赋予了知识以动态的、联系的、个体的特性,在这里知识不再是一成不变的,摒弃人的参与的纯粹的客观知识,而是和人息息相关的、动态的、发展的东西。

第三节 意会认知的模型结构

一、核心内涵

意会认知论是在波兰尼意会知识的基础上独创的一套认识论。自从波兰尼提出"意会知识"的概念以来,围绕着默会知识以及意会认知论的问题,形成了不同的三大研究传统,对人类认识中的意会维度作了深入的研究。

意会认知论本身就是认识论。波兰尼认为人的认知活动中还活跃着与

---

① 迈克尔·波兰尼. 个人知识——迈向后批判哲学[M]. 许泽民,译. 贵阳:贵州人民出版社,2000:124.

② 迈克尔·波兰尼. 个人知识——迈向后批判哲学[M]. 许泽民,译. 贵阳:贵州人民出版社,2000:135.

认知个体活动无法分离、不可言传、只能意会的意会认知功能,而这种意会认知却正是一切知识的基础和内在本质。意会认知是相对于传统认识论中可言传的(explicit)逻辑理性而言的,要承认知识具有某种不确定性,就要要求我们认可一个有权按照自己做出判断不可言传地塑造出自己的识知过程的个人。这一应用于人的观点又暗示着一种把思维的成长承认为一股独立力量的社会学。而且,这样的一种社会学是对一个社会的效忠宣言:在这一社会中,真理受到尊重,人的思维因其本身的缘故而受到培养。① 在这里,波兰尼认为意会认知存在于个人的认识过程,并且独立地承担着认识外部世界的作用。波兰尼进而宣称,意会认知论的提出将导致全部传统认识论的重大格式塔转换,因为这是一个全新的认知结构。事实证明,波兰尼的意会认知论被称为"认识论上的哥白尼式的革命",导致对传统认识论的大反转。

知识论在某种程度上就是认识论,所以波兰尼对意会知识和意会认知在概念上并没有严格地区分,在很多场合,甚至两者是通用的。但是,总体来看,意会认知论主要有以下几个方面的内容:一、言传知识和意会知识的关系,强调意会知识的决定作用;二、集中觉察和附带觉察的辩证关系,强调对事物的整体把握;三、身体化活动和概念化活动的关系,强调重视个体实践的体悟作用;四、知识统一体中的相互关系;五、逻辑思维和形象思维的关系;六、强调科学直觉是意会认识的重要形式;七、个体情感对认识世界的作用。

言传知识和意会知识的关系问题在前面已有详细的论述,波兰尼在强调意会知识的决定作用的前提下,坚持言传知识和意会知识的辩证关系。

意会认识的主要形式包括附带觉察和集中觉察。集中觉察是指人在认识活动中,由于人的直接注意而被识知者直接觉察,成为集中注意的对象。与此同时,也有一些因素只是作为附带的因素被主体觉察,就称为附带觉察。觉察是由集中觉察为一极,附带觉察为另一极所组成的觉察连续统一体。

波兰尼把人的活动也分为两种:概念化活动(conceptual activities)和身

---

① 迈克尔·波兰尼.个人知识——迈向后批判哲学[M].许泽民,译.贵阳:贵州人民出版社,2000:403.

体化活动(embodiment activities),前者大多为语言行为,后者属于非语言行为。概念化活动和身体化活动在人的活动中成对出现,它们组成了"活动连续体"的两极。

二、结构成分及模型

意会认知结构由三个基本成分组成:集中觉察、附带觉察以及将两者连接起来的认识主体。波兰尼指出,这三者是一个由认识主体——人所控制的有机整体,其控制体现在主体把附带觉察加以整合并指向其注意力的焦点,使之成为一个集中觉察。当认识主体将注意力集中于某物时,由此所产生的与之相关的意识,便成为意会认知的基础。认知主体在其隐性的附带成分或背景线索(背景知识、经验和技巧等)的支持下,功能性地指向焦点时,认知行为才会整合地发生。为了把握某一对象,主体需要将有关的各种线索、细节整合为一个综合体来加以认识,这就涉及意会认知的两个部分:主体对各种线索、细节的附带觉知是意会认知的第一个部分,对于对象的集中觉知是第二个部分。为了认识后者,主体必须依赖于前者。前者是主体所依赖的东西,后者则是主体所关注的东西。① 总而言之,意会认知的过程是一个三位一体的有机整合过程。

附带觉察和集中觉察的关系在于:"当我们由于注意某种另外的东西 B 而相信我们也觉察了某种东西 A 时,我们不过是对 A 的附带觉察。因此,我们集中注意的东西 B 有 A 的意义。我们集中注意的对象 B 通常是可辨析的,而附带觉察的东西 A 可能是不可辨析的。这两种类型的觉察相互排斥:当我们转移我们的注意力集中到一直附带觉察的东西时,它就失去了附带的意义。简言之,这就是意会认知的结构。"②对于附带觉察和集中觉察的关系,波兰尼也列举了很多的例子。钢琴家在弹奏音乐时,他集中注意的是他

---

① Polanyi M. Knowing and Being:Essays by Michael Polanyi[M]. Edited by Marjorie Grene. London: Routledge and Kegan Paul,1969:134.

② 迈克尔·波兰尼. 个人知识——迈向后批判哲学[M].许泽民,译. 贵阳:贵州人民出版社,2000:49.

正在弹奏的音乐,附带觉察的是他正用手指弹奏的琴键。如果整个过程翻过来,集中觉察的东西和附带觉察的事物调换一下,那么我们的行为就会是一片混乱。这个案例说明在一个认识活动中,附带觉察和集中觉察是相互排斥的,但是在不同的活动中,两者又是可以相互转化的。集中觉察和附带觉察在人的认知中成对出现,它们像磁体南北极一样,组成了"觉察连续统一体"。

波兰尼把人的活动分为概念化活动和身体化活动。概念化活动:认知主体运用语言表达的活动,其核心是自我对意义的确定;身体化活动:非语言行为的认知活动,工具的使用也是身体化活动的延长。概念化活动和身体化活动在人的活动中成对出现,它们组成了"活动连续体"的两个极。

知识连续统一体是在综合以上两个统一体的基础上产生的。当集中觉察和概念化活动相结合时,产生了言传知识,当附带觉察和身体化活动相结合时,就会产生意会知识。由于每一个实际觉察和活动都分别是各自两个极的混合物,言传知识和意会知识是共同组成的知识。知识的连续统一体是由言传和意会为两极所组成的连续统一体。

波兰尼通过逻辑分析的方法层层剖析,赋予了以个体为载体的意会认知以完整的结构。知识特别是意会知识的获得依靠个体自身的活动和意识的参与,在这一点上,几种活动和觉察的相互作用,在波兰尼看来就是知识的识知(knowing),从这一个层面讲,意会知识又是带有个体独特性特征的认知。

波兰尼对意会认知的动态结构作了深入的阐发,从功能、现象、语义和本体论等诸多方面揭示出其理论意蕴,并把这种三位一体认知的动态结构推而广之,从而视意会认知为一切认知皆然的认知方式。在提出意会认知结构的基本模型之后,波兰尼又从不同的方面对意会认知的结构做了补充和解释。南京大学张一兵教授认为,理解波兰尼知识连续统一中的意会知识的关键在于搞清楚波兰尼对意会认知本质的界定,即意会认知的功能结构。波兰尼意会认知结构包括以下四个方面:

(1) 意会认识的功能结构(function structure)。意会认知总是牵扯着两件事,波兰尼称之为意会认识的两个项,即远侧项(distal term)和近侧项

(proximal term)。两个侧向的合并导致意会认知。如前述的电击实验,试验者因为依靠对产生电击的细节的知觉而注意到另一件事——电击,但是我们电击之前的细节是无法言传的感知,始终是意会的,试验者之所以远侧向,是由对近侧向的知觉得来的,这就是意会认知的两个项之间的功能关系(relation)。我们有所知但是不能言辩的是近侧项。我们依靠我们对远侧项和近侧项的连接,但是我们却无法一一指出这些基本的动作,这就是意会认识的功能结构。在人们的行为层面中,合作工具的意义并不是把它们当作客体来观察,而在于它们本身操作中的效用。例如,我们之所以能认出我们熟悉的人的脸孔,主要是依靠我们对五官的知觉去注意一张脸的独特相貌,是为了注意脸孔才注意到五官,五官是远侧向,而脸孔是近侧向,两者的连接结合才使得我们能够认清别人的面貌。

(2) 意会认知的现象结构(phenomenon structure)。当人们知觉到一个意会认知的远侧项的表象时,那么结果是我们知觉了其近侧项。例如,人脸的辨认,我们知觉到我们注意力所转向他物的表象,便算是知觉到原先注意之物了。这可以称为意会认识的现象结构。当一个个表象在人们的内心引起了意义时,那么识知者就对认识的对象有了意义。在人的认知过程中,语言符号本身并不是被注意的对象,而只是在集中注意语言符号意指的对象时附带地意知它们,符号成为表意工具。

(3) 意会认知的语意功能(semantic aspects)。波兰尼在意会认知结构中赋予语言以意义。波兰尼说:"我们必须意识到,使用语言是和我们为感知客体而整合视觉材料的行为一样的,或者像看一幅立体画,或者像在散步、开车时整合肌肉收缩运动,或者像在下棋。我们所有这些都是依靠我们对某事物的附带觉知而行为,目的是注意它们指向的对象。"[1]我们注意工具在工具致用之对象上的效果,便是注意工具在我们手上冲击的意义。这可以叫做意会认知的语言面貌。以探针探索腔穴的例子为证,初学者初次使

---

① Polanyi M. Knowing and Being:Essays by Michael Polanyi[M]. Edited by Marjorie Grene. London:Routledge and Kegan Paul, 1969:178.

用探针,人人会感觉它在冲击手指或手掌,我们知觉到它对手的冲击,这种知觉变化成为碰触着我们所探索之物的针尖的感觉。

（4）意会认知的本体面貌（ontological aspects）——意会认知是意会知识的认知。什么是意会知识? 这是意会认知的本质所在,它不是传统认识论的可言明的感性经验,也不是新人本主义推崇的非理性冲动,而是一种存在于人的实践——认识活动中,言语无法表露但却起着决定性作用的某种主体的功能性隐性意知系统。原来我们误以为全部知识的言传知识不过是露出水面的冰山之顶,而在水下还隐匿着宏大的深层意识活动群——意会认识系统。

第二章
庄子意会思想概述

　　我国有悠久的意会理论研究传统,易、道、儒、释各家以及科技、艺术、文学等领域都有非常丰富的意会研究成果。从哲学角度看,意会认识,可以说是中国传统哲学第一认识。然而,由于我国通行的哲学教科书体系中没有意会认识论的位置,其理论研究长期受到忽视、误解甚至批判,这一领域的研究相当弱,与国际认识论热点形成鲜明反差。在这一背景下,挖掘和总结中国古代意会认识论的精华,发展有中国文化特色的现代意会认识论,是中国哲学建设面临的一个重要课题。诸子百家对意会认识论都作过不同程度的贡献,其中道家的贡献最大,道家的意会论发轫于《老子》,集大成于《庄子》,老庄完成了世界上第一个经典意会认识论体系。本部分以老、庄的思想为中心,评析了古代意会认识论的一些精华要点。"只可意会,不可言传"的意会认识论,是中国文化一大特色。现代科学是从西方发起的,其成果以严密的逻辑和精确的数学表达著称,似乎和东方的意会论没有什么关系,其实不尽然。虽然从表层看,现代科学与中国传统显然是两股道上跑的马车,互不相交,甚至方向相反,但从深层看,随着现代科学向更深刻复杂的层次发展,特别是量子论、相对论、系统科学等领域的出现和发展,引发 20 世纪科学观念的革命。这场观念革命使曾经在科学山麓分手的东西方文化,现在又在科学的山顶上汇合。这汇合的显著标志,就是意会论在科学中的兴起和发展。

第一节　道与意会认知论

　　"道",是整个中国文化追求的最高境界,不论是道家、儒家,抑或是禅宗、易经,他们都把"道"作为自己哲学理想的最崇高概念。儒家提出了"大学之道",禅宗说"平常心是道",而《易经》则认为"一阴一阳之谓道",所谓行道、修道、得道,都是以"道"为最终目标。相比较其他三家而言,道家更是把"道"作为自身思想体系的基石,《老子》的开篇就讲"道可道,非常道"。"道也者,不可须臾离也;可离,非道也","天不变,道亦不变",这就是中华文明亘古不变的道统世界观。

一、道的涵义

　　庄子思想继承的是老子"道"的理论。"道"的思想是道家思想的核心部分,也是老子和庄子思想中最基本、最重要的概念。老子从本体论的角度说明了"道"的涵义。庄子在继承老子"道"的思想之后,更突出大道的内在性和整体性,将"道"视为一种复归自然、物与我和谐发展的理论。庄子突破个人视野的偏狭,站在宇宙的高度来探讨哲学问题——人的生存状态。庄子将"道"进一步扩大开来,在"道"这一核心的基础上形成了独特的世界观、人生观和价值观。台湾学者陈鼓应先生评价说:"庄子学派是道家的集大成者。它运用文学形式所表达的哲学系统之繁复性、诡论性亦胜过其他各家。在哲学上则直接激发了魏晋玄学及禅宗的思想。中国哲学史上的主要论题和主要思想,不少都是引发自庄子。"①

　　那么老子笔下的"道"究竟是什么呢? 老子对它的理解不同于以往。老

---

① 陈鼓应.庄子今注今译(上)[M].北京:中华书局,2004:前言 1.

子认为,"道"既不是具体的物体,也不是精神实体,而是天地万物的本原。"道之为物,惟恍惟惚。惚兮恍兮,其中有象;恍兮惚兮,其中有物。窈兮冥兮,其中有精;其精甚真,其中有信"(《道德经·第二十一章》),恍惚说明道的似有若无,"窈""冥"则暗示了道德深谙悠远,"其中有象""其中有物"说明在有无之间,涵盖着物体相形,但并非真实的物体存在;"其中有精;其精甚真,其中有信"中蕴含着一种精神,这种精神至真至切,充满了信实。有象、有物、有精,但又恍恍惚惚、混混沌沌,这就是道,也是世界的本原。在这个层次上,"道",无形无象,包容一切,难以用具体的语言形容和描述,道的超越性决定了对道的认识方式的独特性。但是,老庄并非视"道"为不可获知的理念,"道"可以通过直觉体悟的方式认识,并进而认为体"道"的过程就是把自己的生命、自己的心灵与天地万物合而为一的过程,是让整个身心沉浸在宇宙自然之中,与天地合为一体的过程。这时语言是多余的,其妙境"只可意会,不可言传"。《老子》首次论述了"道"的本质,赋予"道"最高的哲学地位。《老子》一书的开篇就说:"道可道,非常道。"能够言传的"道",不是真正(恒常)的"道"。老子认为"道"是世界的本体,是万物运行的规律。"有物混成,先天地生。寂兮寥兮,独立而不改,周行而不殆,可以为天下母。吾不知其名,字之曰道,强为之名曰大。""道"这一范畴是老庄思想体系的基石,也是中国哲学系统中的核心概念。由此,引发了对"只可意会,不可言传"的认识理论探讨。从一定意义上说,老子开启了中国意会认识论的起点。

二、 道的特征

西汉末年道家学者严君平的《老子指归》是对《老子》哲学思想的全面而富有新意的阐释和发挥,他认为"道可达而不可言",唯有"赤子"能直觉体悟。"达于道者,独见独闻,独为独存。父不能以授子,臣不能以授君。犹母之识其子,婴儿之识其亲也。夫子母相识,有以自然也,其所以然者,知不能陈也。五味在口,五音在耳,如甘非甘,如苦非苦,如商非商,如羽非羽,而易牙师旷有以别之。其所以别之者,而口不能言也。"(《道德真经指归》卷十)道是"独见独闻,独为独存",用"独"概括道的个体性,犹如母子相认,即使把母亲和孩子相互分开多日,一旦见面,两者还是能认出来,不会差毫,但母子相互确认的依据和标准,却无法用语言说清楚,但是声音和味道的精细辨别,很难用语言说明白。师旷是春秋时代晋国乐师,晋平公铸大钟,众乐工听后都认为音律准确,独师旷不以为然,一时争议不清。师旷的判断,后为师涓所证实。易牙(春秋时齐国人,善调味)的辨味技巧和师旷的辨音窍门,是无法用语言说清楚的。严君平用生活例子,把我们引入"只可意会,不可言传"的境地,从一个侧面说明,意会认识是无时不在、无处不有的。

"夫道,有情有信,无为无形;可传而不可受,可得而不可见;自本自根,未有天地,自古以固存;神鬼神帝,生天生地;在太极之上而不为高,在六极之下而不为深,先天地生而不为久,长于上古而不为老。"(《庄子·大宗师》)"夫道,覆载万物者也,洋洋乎大哉!"(《庄子·天地》)老子把"道"置于天之上、人之先,而庄子却说:"有天道,有人道。无为而尊者,天道也;有为而累者,人道也。主者,天道也;臣者,人道也。天道之与人道也,相去远矣,不可不察也。"(《庄子·在宥》)庄子所论之"道"与老子所崇尚之"道"在本性上是一样的,即都是"无":无形无声、无始无终、无名无实、无来无往、无际无涯、无源无根、无为而无不为。他们都认为只有把握了"道无"的本性,才是真正体悟了"道"。为了明确"道无"的本性,庄子更是运用象征的手法举出了"象罔"的故事:"赤水之北,登乎昆仑之丘而南望,还归遗其玄珠。使知索之而不得,使离朱索之而不得,使吃诟索之而不得也。乃使象罔,象罔得之。黄帝曰:'异哉',象罔乃可以得之乎?"在庄子看来,在追寻"玄珠"所代表的"道"的路途中,聪明能干的"知、离朱、吃诟"都因心有所寻而"不得",只有无心、无形的"象罔"才能"得之"。用庄子自己的话讲,即是"睹无者,天地之友",只有看见天地间"大无"之人,才是"大道"之友。[1]

如何认识不可言传的大道呢? 道是无所不在的,道是万物的本原,老子据此提出了"道法自然"的意会认识方法。[2] "人法地,地法天,天法道,道法

---

[1]　王薇. 庄子的言意观[J]. 东北师范大学学报(哲学社会科学版),2008(5).

[2]　刘仲林. 意之所在,不言而会——老庄意会认识论初探[J]. 中国哲学史,2003(3).

自然。"（《道德经·第二十五章》）这是老子在分析研究了宇宙各种事物的矛盾之后，找出了人、地、天、道之间的联系，"道法自然"揭示了宇宙中事物间的关系，是人们处事必须遵循的原则。何谓自然？自然就是天然，就是自己如此。"凡物莫能使之然，亦莫能使之不然，谓之自然。"①人以地为法则，地以天为法则，天以道为法则，道以它自身的本性为法则。三国时代王弼注解道："法，谓法则也。人不违地，乃得全安，法地也。地不违天，乃得全载，法天也。天不违道，乃得全覆，法道也。道不违自然，乃得其性。法自然者，在方而法方，在圆而法圆，于自然无所违也。自然者，无称之言，穷极之辞也。……道法自然，天故资焉。天法于道，地故则焉。地法于天，人故象焉。"（《老子道德经注》）"道法自然"，即道法自成。道取法自己生成的样子，取法自身本性，顺其本然，自生自成，自然而然。"道法自然"深刻地揭示了由后天复返先天自然大道的修正，高度地概括了达到天人合一境界的方法。"处无为之事，行不言之教"是圣人以大道之理教化天下，使人循着道表现行事。因此，我们可以说，"道法自然"是道行揭示予人的大法则，也是老庄哲学的核心所在。

老子提出"人法地，地法天，天法道，道法自然"宇宙大道本体论，建立了中国古代哲学中最早的一种"天人合一"论。但是老子论证"道法自然"的目的是为了要让人"法自然"，换句话说，人应该摒弃尘世的喧嚣，听凭本性，达到对人生最高境界的体验。老子认为最高境界的体验是要行不学之学、不言之教，才能达到"自成、本然、无为"的境地。所谓"为学日益，为道日损"正是在此种意义上说明不可言之"道"与日常学习之间的关系。人如何通过恢复人的自然本性，显现无欲无为的精神面貌，关键是走"自成"之路。这就是说，有益的他物、他人、他言、他教，虽有助于一个人的成长，但要实现一个人的境界升华，就不能凭借他物、他人、他言、他教，而只能靠自身全神贯注实践、体悟、追求，个中崎岖、个中苦恼、个中微妙、个中豁朗，从过程到结果，唯"只可意会，不可言传"一语可表达之，这就是"法自然"的过程。

---

① 詹剑峰. 老子其人其书及其道论[M]. 武汉：华中师范大学出版社，2006：25.

老子是集开创者、奠基人于一身,那么庄子则是道家学派的集大成者,可谓前无古人后无来者,是道家学派的最重要代表。

《庄子》哲学中的"道"是继承老子衣钵,道的基本内涵与老子的道没有太大的差别,特别是两者都强调自然无为的生活状态。庄子也认为"无形无象、无始无终"的道是万物之本。《庄子·天运》中形容"道"是"听之不闻其声,视之不见其形,充满天地,苞裹六极。""道昭而不道。"(《庄子·齐物论》)"道"是宇宙万物的最后根源,同时"道"也不是可言说的对象,难以用概念进行规范。"道之为名,所假而行。"(《庄子·则阳》)因为给"道"一个特定的名称,"道"就丧失了其绝对性。如果用语言来表达就会偏离它的本性。故《庄子·知北游》曰:"道不可闻,闻而非也;道不可见,见而非也;道不可言,言而非也。"它"可传而不可受,可得而不可见"。"道"是整体的一,作为外在世界表达的方式的语言不可能完整地把握整体。相对于老子重视"道"对万事万物的决定作用而言,庄子更强调人与"道"的通达融和,在庄子看来"道"是率性的、顺应自然的,庄子哲学最贴合人们内心深处隐微的部分,反对人为束缚。《庄子·知北游》篇云:"天地有大美而不言,四时有明法而不议,万物有成理而不说。圣人者,原天地之美而达万物之理,是故至人无为,大圣不作,观于天地之谓也。""道",虽然超越了言说的对象,但是至圣之人仍然可以通过观天地而通达万物之理的"道"。

那么,应该如何求"道"呢?所谓"道",在庄子看来有两个意义:其一,所谓"道",是指一切事物所由以生者。其二,所谓"道",是指对于一切事物所由以生成者的知识。一切事物所由以生成者,是不可思议不可言说的。[①] 关于"道"的知识同样是无知之知,无知之知就是最高的知识。而要追求最高的知识就要去知,去知然后才能得到浑然一体的一。相对应"道"而言,庄子认为存在着两种不同含义的"知":一是普通的知,即可以言传、可以论辩的知;二是不可言传的"不知之知",即超越语言层面而达到的更高层次的知,

---

① 冯友兰.新原道(中国哲学之精神)[M].北京:生活·读书·新知三联书店,2007:56.

这就是意会之知。① 《庄子·天道》云："世之所贵道者，书也。书不过语，语有贵也。语之所贵者，意也，意有所随。意之所随者，不可以言传也。""只可意会，不可言传"即来源于此。《庄子·齐物论》说："故知止其所不知，至矣。孰知不言之辩，不道之道?"不知之知就是最高层次的知，就是意会之知。庄子认为：一般的"知"无法认识广阔深邃的"道"，只有"不知之知"才能识得"道"的真面目。应当强调，"不知之知"中的"不知"不是纯粹的"无知"，而是超言绝象的"大知"。冯友兰指出："'无知'与'不知'不同。'无知'状态是原始的无知状态，而'不知'状态则是先经过有知的阶段之后才达到的，前者是自然的产物，后者是精神的创造。""这种后获得的不知状态，道家称之为'不知之知'状态。"②

第二节 "不知之知（意会之知）"探微

　　庄子哲学思想中的"知"从某种意义上相当于波兰尼所说的言传知识，这一类型的知识可以通过言传以及其他的形式为我们所获得，但是我们所获得的此类知识，是以逻辑的方式系统阐述出来的命题知识，是普通的知，还无法形成意会知识。只有"不知之知"才是最高境界的"知"，也才是意会认知。在"知"与"不知"的关系上，庄子同样不是停留在"知"的层面上，而是首先强调要有"知"到"不知"的境界提升，因为"可以言论者，物之粗也，可以意致者，物之精也"。（《庄子·秋水》)，对于物的认识总是一个不断进步的过程，从纯粹的物理知识上的了解，逐步上升到对物的精确的理解，这是认识的必经之路，但是庄子也认为"不知之知"或者说"意会之知"能够通达对

---

　　① 刘仲林. 意之所在，不言而会——老庄意会认识论初探[J]. 中国哲学史，2003
(3).

　　② 冯友兰. 中国哲学简史[M]. 北京：北京大学出版社，1985：134-135.

事物的准确理解,这一点是言传知识所不具备的。紧接着,庄子又指出"言者"所以在"得意"。在对待言传知识和意会知识的层次关系上,庄子认为言和意的关系应该是"得意忘言""得鱼忘筌"的关系,语言只是我们获得意义的工具,一旦我们掌握和了解了它所要表达的意义,语言在传递中的作用就完成了。再者,从宏观上来说,就是要尽力地达到认识的"天为",而非"人为",因为人为的是刻意的。"知人之所为者,以其知之所知,以养其知之所不知,终其天年,而不中道夭者,是知之盛也,虽然,有患。"(《 庄子·大宗师》)人为的知识最多只能保养其所不知的寿命之数,而不能尽天年,不至中道夭折的,这可算是尽了知识的能事了。但即使是这样,如果只是依靠知识,还有意想不到的患难。所以必须有忘却知识而纯任自然的意会之知,才会有"真知"。

一、"知"和"不知之知"的本质与特征

老子认为"道可道,非常道"。语言在"道"面前是软弱无力的,认为在"道"面前,人类只能是"知者不言,言者不知"。"道"的沉默性具有决定作用。庄子也认为"道"不可言;但庄子给"知"做了不同层次的分析之后认为,人们能够通过直觉认识并进而掌握那些不能凭借语言而进行完全、清楚地表达的道。也就是说,道不可言,又不得不言。庄子确认人类的知有两种,即"大知"和"小知",一是关于事物的明晰、是非的普通的知,是可以言传,有分别的知;二是"不知之知",即是超越言述官能范围而达到的更深层次的"知"。第一类的"知"是可以言传、可以辩论的,是一般意义上的"知识";第二类的"知"是超越语言界限而达到的更深层次的知,就是"不知之知"(意会之知)。应当强调的是,"不知之知"并不是"无知",而是一种"意会认知"。正所谓"知者不言,言者不知",说的就是这个道理。《老子》云:"为学日益,为道日损。"学习会增加知识,所以会日益,而为道要减少知识,所以要日损。"不知之知"用途乃无用之大用。它的用处不是增加实际知识,而是提高人的精神境界。具体来说意会之知的主要特征如下:

个人性。所谓"道"大体上有两个基本含义:一是指世界的本原,另一是

指最高的认识。从认识论角度讲,它又是认识的最高境界。庄子意会认识论的目标就是追求认识的最高境界——不可言说的"道",对于"道"的知识实际上就是不知之知。换句话说,不知之知就是庄子哲学追求的最高境界,因为其不可思议、不可言说,它需要体悟之人静心净欲,独自体会。

《庄子·秋水》篇记载:庄子与惠子游于濠梁之上。庄子曰:儵鱼出游从容,是鱼之乐也,惠子曰:子非鱼,安知鱼之乐?庄子曰:子非我,安知我不知鱼之乐?惠子曰:我非子,固不知子矣,子固非鱼也,子之不知鱼之乐,全矣。庄子曰:请循其本。子曰,汝安知鱼乐云者,既已知吾知之而问我,我知之濠上也。

看到鱼儿在自由自在地游水,如我们所有人一样,庄子很自然地得出了鱼很快乐的判断,而惠子则对此提出了质疑,曰:"子非鱼,安知鱼之乐?"把这个平常的问题上升到了认识论的层面上。庄子以"本质直观"回答说:"子非我,安知我不知鱼之乐?"庄子所提的是一种个人内心的感觉,别人是无从知晓的,因而也就不能做出判断,这种体验是个体的感受和感觉,个人得"道"后,也无法言传他人,他人也需要独自体验、意会,这必然形成"不知之知"的独有性。"出入六合,游乎九州岛,独往独来,是谓独有",(《庄子·在宥》)实质上是关于个人的一种认识。

整一性。不知之知表现为整体(系统)模式的文化特征。庄子强调"道通为一"(《庄子·齐物论》)。万物殊异,流变无常,然就其本质(道)而言,则是一样或相同的。道即一也,一者道也。提出"道通为一"论世间万物所有的差别,一旦站到更高的角度去审视,这种差别都将消失不见。所谓"以道观之,物无贵贱;以物观之,自贵而相贱;以俗观之,贵贱不在己。以差观之,因其所大而大之,则万物莫不大;因其所小而小之,则万物莫不小"(《庄子·秋水》),就意味着在认识论上要求超越是非之辩,忘掉分别,达到"以道观之"的高度,忘是悟道的途径。"修浑沌氏之术者也,识其一,不知其二;治其内,而不治其外。"(《庄子·天地》)领会道的最高层次,则可以达到"天地与我并生,而万物与我为一"(《庄子·齐物论》)的天人合一、物我合一的境界,在这一境界,认识是一个整体,无法用概念语言分析,所以是"周尽一体矣"。

（《庄子·则阳》）

不可言传性。"目击而道存矣，亦不可以容声矣。"（《庄子·田子方》）甚至连话也不用讲，只需目光一对，则天地大法明矣。这是何等的境界！眼睛一扫，相视一笑，就把"道"传递过去了，千言万语也无法说清的东西，竟如此迅速转移，这里的奥妙就在于双方的默契意会，无须言说书传，这就是所谓"立不教，坐不议，虚而往，实而归"。（《庄子·德充符》）

直接性。不知之知的不可言传性决定了其习得的技艺性质，"技进乎道"（《庄子·养生主》）是庄子思想的灵魂之一。庖丁通过解牛这项技艺，从而悟道。"始臣之解牛之时所见无非牛者，三年之后，未尝见全牛也。方今之时，臣以神遇而不以目视，官之止而神欲行。"换句话说，不知之知只有通过人们在日常生活实践中实现心灵对认识对象的直接把握，如同庖丁解牛一样，在宰牛的技艺中，体会到最高的精神境界。庖丁杀牛的技术已经达到道的境界。对于手艺高的人，在进行创作时，整个操作用心神来领会而不用眼睛观看，手指的动作与工作对象融为一体，用不着心思计量，心物为一而不桎。

以上我们总结了"不知之知"的特点，其中尤为重要的是整一性和直接性两点。因其整一性而不可用语言分析，因其直接性而不可离开认识个体，这是意会认识的两个基本特征。

二、"不知之知"的认识方法

"不知之知"是意会的认知，不能言传，不能论辩，不能由普通的知推演出来，那么如何才能达到"不知之知"的最高境界呢？冯友兰先生讲欲"无知"必须要去知，具体来讲就是要忘记分别，达到浑然一体的一。

《庄子·大宗师》篇云：南伯子葵问乎女偊曰："子之年长矣，而色若孺子，何也？"曰："吾闻道矣。"南伯子葵曰："道可得学邪？"曰："恶！恶可！子非其人也。夫卜梁倚有圣人之才，而无圣人之道。我有圣人之道，而无圣人之才。吾欲以教之，庶几其果为圣人乎！不然，以圣人之道，告圣人之才，亦易矣。吾犹守而告之，参日而后能外天下；已外天下矣，吾又守之，七日而后能外物;已外物矣,吾又守之,九日而后能外生;已外生矣,而后能朝彻;朝彻而后能见独;见独,而后能无古今;无古今而后能入于不死不生。杀生者不死,生生者不生。其为物无,不将也,无不迎也,无不毁也,无不成也。其名为撄宁。撄宁也者,撄而后成者也。"

"外天下"就是不知道有天下,忘记天下这一回事,"外物"不知有物,忘掉事物的差别,这里的忘掉不是刻意地不记得,而是了解了之后的自觉的遗忘。修道的过程是外天下,而后外物,最后是外生,忘记生死,达到天地一体的境界。能见独,独就是一的意思,达到了道的境界之后就能不死不生,不毁不成,因此也就能得到内心的宁静。从外天下—外物—外生—见独—朝彻—撄宁最终达到道的境界,内心世界安静祥和,不受事物的扰动,而自得其乐。

对于如何外天下、外物、外生死,庄子认为主要有以下的程序和步骤:

坐忘。所谓坐忘,就是庄子在《大宗师》说的"堕肢体,黜聪明,离形去知,同于大通,此谓坐忘"。(《庄子·大宗师》)"堕肢体"是离形,也就是"坐","黜聪明"就是去知,也就是"忘",而"同于大通",就是和大道融通为一,也就是坐忘之所得,也就是"同则无好,化则无常"。(《庄子·大宗师》)做"忘"的功夫根本上在于"去知","忘"是一个不断去知的过程,以期达到"不忘者存"。"坐忘"就是要"忘乎物,忘乎天,其名为忘己。忘己之人,是之谓入于天"。(《庄子·天地》)能够做到忘物、忘天、忘己的人,也就是做到了"坐忘"。《玄宗直指万法同归》称"坐者,止动也。忘者,息念也。非坐则不能止其役,非忘则不能息其思。役不止,则神不静。思不息,则心不宁。"徐复观先生在《中国艺术精神》一书中指出:在坐忘的境界中,以"忘知"最为枢要。忘知,是忘掉分解性的、概念性的知识活动。① 只有摆脱人类的抽象思维的认识束缚,去掉遮蔽"道"的屏障,这样才能与大"道"相通。庄子讲坐忘,其宗旨是要培养理想人格,其精神是要达到天人合一的境界。坐忘以对

---

① 刘仲林. 意之所在,不言而会——老庄意会认识论初探[J]. 中国哲学史,2003(3).

自然本性的回归为基础,强调直觉体验。

心斋。心斋是庄子独创的概念。古人在祭祀时,往往要斋戒几日,以示对先人的敬重。斋是清洁的意思。所谓心斋,从表面上理解就是将心打扫干净的意思。"唯道集虚,虚者,心斋也。"(《庄子·大宗师》)庄子认为"虚"就是心斋,也就是内心达到一种纯洁无杂、忘物忘我的虚静状态。但虚静不是目的,目的是为了得到本真的生命意义的真知,庄子称之为"知恬交相养"。"古之治道者,以恬养知;知生而无以知为也,谓之以知养恬,知与恬交相养,而和理出其性。"(《庄子集释·缮性》)心斋是以不知之知为指向的认识活动,这正是体验至高无上的大道的能动所在,没有这种心境,意会认知就会偏离正确轨道,走到邪路上去。正如荀子所说:"人何以知道?曰:心。心何以知?曰:虚壹而静。"(《荀子·解蔽》)

悬解。庄子认为人的心思陷入物欲之中,让外物充塞心境,一切听从外物的支配,失去主动和自由,就如同捆绑住人的双脚把人倒悬起来一样,要解除这种束缚,庄子认为应顺应自然,看淡生死。《庄子·养生主》云:老聃死,秦失吊之,三号而出。弟子曰:"非夫子之友邪?"曰:"然"。"然则吊焉若此,可乎?"曰:"然。始也吾以为其人也,而今非也。向吾入而吊焉,有老者哭之,如哭其子;少者哭之,如哭其母。彼其所以会之,必有不蕲言而言,不蕲哭而哭者。是遁天倍情,忘其所受,古者谓之遁天之刑。适来,夫子时也;适去,夫子顺也。安时而处顺,哀乐不能入也,古者谓是帝之悬解。""不蕲言而言,不蕲哭而哭者",即本不想说什么却情不自禁地说了什么,本不想哭泣却违心地痛哭起来。不能够顺应自然本性的做法是"遁天之刑"。在庄子看来,安于天理,把生死看成是自然而然的事情,那么,生死便都不能进入心怀,就不会被生死所累,即能做到"外生",就能从人情中解脱出来,重新回到天然本性中去。

见独。独有性是道或者说是不知之知最大的特点,"出入六合,游乎九州,独往独来,是谓独有。"(《庄子·在宥》)所谓"见独",即见到绝对的"道",实际上,就是在想象中,在直觉的把握中,达到与"道"融为一体,与"天地精神往来"。所以庄子的"见独"与儒家的慎独虽然在内容上有所不同,但就二者是指内心的精神状态而言,则是一致的,这种一致性显然是建立在他们对"独"的共同理解之上。独也可以做动词,作"内"讲。《五行》传文解释"君子之为德也,有与始,无与终"一句时说:"有与始者,言与其体始;无与终者,言舍其体而独其心也。"这里的独即作"内"讲,"独其心"即内其心。但人们将天下生死都置之度外的时候,心境就能够清明洞彻(即"朝彻");心境清明洞彻,而后就能见独、得道了。

得道之后就可以通神和做逍遥游。精和神是通向"不知之知"的重要环节,通神是指清除了一切私心杂念,精神饱满。要达到通神,必须记住"纯粹而不杂,静一而不变,淡而无为,动而以天行,此养神之也"(《庄子·刻意》)才能够"乘云气,御飞龙,而游乎四海之外"。(《庄子·逍遥游》)《庄子》全书贯穿着一个气势磅礴的"游"字。当然,它强调的"游"并非亲临江海大川的实游,而是通过想象力的翅膀,"精神四达并流,无所不极"(《庄子·刻意》)的神游。换言之,这里的"游",是"逍遥游",即去掉一切私心杂念,忘知、静虚、通神,在自由自在、无挂无碍的精神境界里畅游。"游"的核心是冲破各种束缚,最大限度地解放想象力,使精神自由驰骋于宏大无边的认知世界,以接近和契合无限深邃的"道",最终体会到"天地与我并生,而万物与我为一"(《庄子·齐物论》)的境界。庄子气势磅礴的"游"一个重要目的在于贯通主体和客体,使之合一,达到"道"的崇高境界。这里有两个途径:一是"游于物之所不得遁而皆存",即用宏大的内宇宙(精神)想象力契合无限的外宇宙世界自然界;二是"游心于物之初",即通过想象力向宇宙初始状态回溯,寻找混沌未分的合一状态。这两个途径达到的都是人天融为一体,不能用语言表达的微妙境界。这一境界无法用语言表达 ,而只能意会领悟,庄子的认识论便很自然地转向了美学。

第三节　庄子广义意会认知的层次结构

对于语言能否穷尽意义的问题,庄子提出了"言不尽意"论。"言不尽意"实质上是言不尽"道"。对"道"的认识存在于以无知之知的真知中,所以,要对"道"有所认识,要获得生命的自由,在内就必须去知、弃知,外在表现上就必须希言、不言。在继承老子的"知者不言,言者不知"的言意观的基础上,庄子又提出"不知之知"即"意会之知"(简称为意)一说,成为庄子意会认知思想的核心所在。

庄子是从"道"的本体论出发并下降到认识论和方法论层面来建构其言意论的。庄子在哲学上持"道"本体论,"道无"是"道"的根本特征。"道"排斥语言工具性作用,即"言不尽意",但庄子并未完全否定语言的认识功效,人们可以通过特殊的直觉体验的路径来获得对"不知之知"的认识,通过"不知之知"无限接近"道"的境界。换言之,"道"虽然超于人的理性认识的范围之外,但同样可以通过感官直觉的方式领悟超越世界的"道",这就是"得意忘言"。两者合二为一正是庄子意会认识论的立论基础。

一、言不尽言论

世界是广大的,而人是渺小的,由人说出的语言必定是有限的和片面的。《庄子·齐物论》曰:"既已为一矣,且得有言乎?既已谓一矣,且得无言乎?一以言为二,二与一为三,自此以往,巧历不能得,而况其凡乎?自无适有,以至于三,而况自有适有乎?无适焉,因时已。""道"是无法言说的,如果对道进行言说,那么"道"就变成言说的对象了,"道"就丧失了自身的超越性,那么也就失去了作为万物之源的根基。"井蛙不可以语于海者,拘于虚也;夏虫不可以语于冰者,笃于时也。"(《庄子·秋水》)人困囿于所处的空间中,对超出自己世界以外的广阔天地知之甚少。《庄子·内篇》中说:"吾生也有涯,而知也无涯。以有涯随无涯,殆已!已而为知者,殆而已矣!"(《庄子·秋水》)面对时间的无限,人的认知无法延伸囊括无本无末的世界。

《庄子·天道》云:"世之所贵道者,书也。书不过语,语有贵也。语之所贵者,意也,意有所随。意之所随者,不可以言传也,而世因贵言传书。世虽贵之,我犹不足贵也,为其贵非其贵也。故视而可见者,形与色也;听而可闻者,名与声也。悲夫!世人以形色名声为足以得彼之情。夫形色名声,果不足以得彼之情,则知者不言,言者不知,而世岂识之哉!"世人贵书,认为"道"载见于书籍,但庄子认为书籍不过是语言的载体,语言所可贵的是(在于它表现出的)意义而非书籍本身,意义的指向之处是不可以用言语传达的。桓公读书于堂上。轮扁斫轮于堂下,释椎凿而上,问桓公曰:"敢问,公之所读者何言邪?"公曰:"圣人之言也。"曰:"圣人在乎?"公曰:"已死矣。"曰:"然则君之所读者,古人之糟魄已夫!"桓公曰:"寡人读书,轮人安得议乎!有说则可,无说则死。"轮扁曰:"臣也以臣之事观之。斫轮,徐则甘而不固,疾则苦而不入。不徐不疾,得之于手而应于心,口不能言,有数存焉于其间。臣不能以喻臣之子,臣之子亦不能受之于臣,是以行年七十而老斫轮。古之人与其不可传也死矣,然则君之所读者,古人之糟魄已夫!"(庄子·天道)

庄子借轮扁之口说出"君之所读者,古人之糟魄已夫!"他说:"夫六经,先王之陈迹也,岂其所以迹哉!"(《庄子·天运》)圣人的心意不能假言以传,后人不能从"经"中直接得到圣人之"意",因为圣人"行不言之教"(《道德经·第二章》)。这就如同轮扁斫轮的绝技,哪怕父亲亲口说上千言万语也不能通过儿子的耳朵传送过去,惟有他自己得之于心、应之于手,才叫有"得"。如果儿子拘束于父亲所说的"话",那他永远不会有所得。"得"自心中有,非从"言"上来。所以,轮扁才会说桓公所读之书是"古人之糟粕"。本来,知"道"(大道)的不说,说"道"的人又不知"道",形状、色彩、名称、声音实在是不足以表达那大道的"象"。

因为"道"是超言绝象、不可言说,所以庄子说:"大道不称,大辩不言。"(《庄子·齐物论》)。普通的"知"可以通过言传的方式传播,而大"道"却不是语言工具可以把握的,描述性的语言和不可言说的"道"之间貌似有很尖锐的矛盾,而且庄子也多次流露出"言不尽意"的思想,但并不说明庄子完全否认语言的认识世界的作用。庄子希望借"言",经由"意"(不知之知)而达到对道的领悟。因此,言、意、道是庄子意会认识思想的基础。用庄子的话说,"至言去言"忘记小"言"(即普通的知),达到"无言""至言"(不知之知)的状态才能无限接近"道"的本体,体会"道"的境界。

二、 得忘言论

如何超越语言的局限? 庄子认为应该从更高的角度来看问题。以"道"观之,则一切事物皆有所可、有所然。"可乎可,不可乎不可。道行之而成,物谓之而然。恶乎然,然于然。恶乎不然,不然于不然。物固有所然,物固有所可。无物不然,无物不可。故为是举莛与楹,厉与西施,恢诡谲怪,道通为一。"(《庄子·齐物论》)事物虽然各不相同,但是以"道"观之,都有所然,有所可,可以统一为一个整体,这就是"道","通为一"。所以庄子说:"是以圣人不由,而照之于天。"(《庄子·齐物论》)"不由"是不如一般人站在他自己的有限的观点看事物。"照之于天"是站在天的角度看事物。天的观点是一种较高的观点,"道"的观点也是一种较高的观点,各自站在有限的观点看事物,则"彼亦一是非,此亦一是非"(《庄子·齐物论》),各有各的标准。站在道的角度,万物无成毁之分,无分别,"物物非物","我"与万物"复通为一"。"天地与我并生,而万物与我为一。"(《庄子·齐物论》)

台湾学者刘原池从语义学的角度出发,指出庄子认识到语言的表达困境,因而提出"言不尽意"论;而对于弥补或超越语言表达困境的方法,他则主张"得意忘言"的理论,庄子提出"意会"说,以弥补"言传"之不足。所谓"意会"是指在直观经验和知性认识的基础上,特别是在长期的对象化实践活动中,通过体验、彻悟等非逻辑形式,把握到关于宇宙自然的认识。① 语

---

① 刘原池.得意而忘言[R]//八十二周年校庆暨第十三届三军官校基础学术研讨会.高雄:高雄师范大学国文学系,2006(5).

言文字具体有限，无法表达意义世界的无限性，更无法将道的广博无垠表达出来。所以庄子说"言不尽意"，但他并没有停留于此。庄子对于语言的深刻认识就在于，他发现语言无法完全表达或穷尽意义，那么就不应执著于语言，而应该通过语言去捕捉意义。换言之，语言是获取意义的梯子，在得"道"之后就应该抛弃语言这把梯子。"筌者所以在鱼，得鱼而忘筌；蹄者所以在兔，得兔而忘蹄。言者所以在意，得意而忘言。"（《庄子·外物》）筌、蹄是用来捕鱼和兔的，得鱼应忘筌，得兔应忘蹄。语言是用来表达意义的，得意应忘言。庄子认为言是桥梁，是工具，是手段；意是归宿，是结果，是目的。甚至有人说"庄子之书，一筌蹄耳"即以《庄子》全书而论，也是达道的"筌蹄"。

对于如何"得意而忘言"，庄子也提出了自己的看法。"道"是建立在纯熟的技法上的，这就是所谓"道由技进""技进乎道"，在艺术上"技"与"道"二者是不可孤立看待的。轮扁斫轮和庖丁解牛的寓言实际上表达一种"技进乎道"的思想。轮扁根据自己斫轮的经验，认为桓公所读之书为古人的糟粕，因为他在实践中体悟到的规律无法告诉自己的儿子，就像古人在书本中无法正确地表述自己的思想一样。因此，轮扁在斫轮的过程中之所以能做到得心应手、恰到好处，关键就在于心中有"数"，所谓"数"实际上就是长期实践中获得的"技艺"，是已经进入精神境界的一种直觉状态，这种直接状态"可得而不可受，可传而不可闻"，已经超出了语言言说的范围之外，庄子通过轮扁斫轮的故事除了表达言不尽意论，语言在文化传播、经验累积等方面存在着不可逾越的障碍外，另外一方面庄子也想说明口不能言的"道"存在于"数"，就是技艺。这类技艺是得意忘言之后的领悟，是摆脱了语言形式的对事物整体状态的一种领悟。

三、言、意、道一体论

从哲学的角度来讲，"言"和"道"关系的矛盾焦点在认识论上。语言能否认识超言绝象的"道"，直接关系到人们认识的方式和评判标准问题。庄子认为圣人之意不可言传，语言文字也不能表达圣人之意；庄子一方面强调言不尽意,另一方面又不主张废言,于是就顺理成章地提出了"得意忘言"的主张。在庄子看来,"意"是无限接近于道体和道境界的,"意"是"言"与"道"的中间桥梁和纽带。

由语言表达出来的是小"知",小"知"是不可能达到道境的,要想体悟道境,只能借助于转化和升华。所以庄子说:"知人之所为者,以其知之所知,以养其知之所不知,终其天年而不中道夭者,是知之盛也,虽然,有患。"(《庄子·大宗师》)人为的知识最多只能保养其所不知的寿命之数,而不能尽天年,不至中道夭折的,这可算是尽了知识的能事了。但即使是这样,如果只是依靠知识,还有意想不到的患难。所以必须有忘却知识而纯任自然的意会之知,才会有"真知"。首先,在庄子看来就是要消除人悟道的阻隔——小"知",回到"不知之知"中去,才能获得"真知"。"庄子追求道及最高知识的方法是去知,去知的结果是'不知之知'或者'无知之知',但是后者是经过'知'以后得来的,并非真的无知,不知之知的圣人不死不知,他是已作之又忘之。……后得的无知是超越知。有后得的无知的人,不但在知识上与万物浑然一体,并且是自觉其如此。"[①]所以,在庄子眼中,"不知之知"实质上是一切皆知。

庄子认为从"知"到"不知之知"是一个不断升华的过程,并且把这个过程分为九个层级:"闻诸副墨之子,副墨之子闻诸洛诵之孙,洛诵之孙闻之瞻明,瞻明闻之聂许,聂许闻之需役,需役闻之于讴,于讴闻之玄冥,玄冥闻之参寥,参寥闻之疑始。"(《庄子·大宗师》)"副墨"指文字,"洛诵"指"诵读",代表了文字语言,"瞻明""聂许"含有见之以明,闻之以许之意,是对"副墨""洛诵"的一种理解呼应,说明文字语言可见可闻、可理可解。"需役"指"用而体之"。"于",叹词,"讴",歌,代表因豁朗而悟,欣喜若狂。"玄冥""参寥"表示达到的幽远寥旷的境地,"疑始"指一种"不始而始"的状态。宣颖说:"悟虚又须至于无端倪乃闻道也。疑始者,似有始而未尝有

---

① 冯友兰.新原道(中国哲学之精神)[M].北京:生活·读书·新知三联书店,2007:61.

始也。"(《南华经解》)以上是九个梯层,郭象注云:"夫自然之理,有积习而成者,盖阶近以至远,研粗以至精,故乃七重而后及无之名,九重之后而疑无是始也。"(《庄子注》)这是一个由"知"到"不知之知"的连续系列,其中副墨(文字)、洛诵(语言)、瞻明(眼见)、聂许(耳听)属"知"的范围,玄冥(深默)、参寥(寥旷)、疑始是"不知之知"的领域,居上两者之间的需役(行为)、于讴(叹歌)表示了由知到不知之知的转换,体行而悟,喜不禁歌。这可以说是进入"不知之知"境界的临界点,此人可悟大道矣!由此,庄子给出了"知"与"不知之知"的完整动态联系结构,它是一个以副墨为一极,疑始为另一极的递层变化统一体,这个统一体反映了广义认识论的全面结构。当然,《庄子》一书强调的是"不知之知",虽然闻道的顺序有以上九层,但认识主体需去掉或忘掉前四层的"小知",才能转入后三层的"大知"。也就是庄子所说的:"道不可闻,闻而非也;道不可见,见而非也;道不可言,言而非也。"(《庄子·知北游》)

成玄英结合庄子思想进行了深入分析,明确了意会认识的焦点和意义所在,同时对每个层次的含义进行了详细的解释和发挥。下面我们以庄子和成玄英观点为基础,设计一个认识层次表,对从"言传"到"意会"认识全层面作一概括和总结。[①]

表 2.1 庄子意会认知层次图

层次	名称	字义	认识论意义
1	副墨	副,副贰也;墨,翰墨。副墨,即文字也	夫鱼必因筌而得,理亦因教而明,故闻之翰墨,以明先因文字得解故也
2	洛诵	背文谓之洛诵	初既依文生解,所以执持披读;次则渐悟其理,是故罗洛诵之
3	瞻明	瞻,视也,亦至也	读诵精熟,功劳积久,渐见至理,灵府分明

---

① 刘仲林. 意之所在,不言而会——老庄意会认识论初探[J]. 中国哲学史,2003(3).

层次	名称	字义	认识论意义
4	聂许	聂,登也,亦是附耳私语也	既诵之稍深,因教悟理,心生欢悦,私自许当,附耳窃私语也
5	需役	需,须也。役,用也行也	虽复私心自许,智照渐明,必须依教遵循,勤行勿怠。懈而不行,道无由致
6	于讴	讴,歌谣也	既因教悟理,依解而行,遂使盛惠显彰,讴歌满路也
7	玄冥	玄者,深远之名也。冥者,幽寂之称	既德行内融,芳声外显,故渐阶虚极,以至于玄冥故也
8	参寥	参,三也。寥,绝也	一者绝有,二者绝无,三者非有非无,故谓之三绝。夫玄冥之境,虽妙未极,故至乎三绝,方造重玄也
9	疑始	始,本也	夫道,超此四句,离彼百非,名言道断,心知处灭,虽复三绝,未穷其妙……是以不本而本。本无所本,疑名为始

资料来源:刘仲林.意之所在,不言而会——老庄意会认识论初探[J].中国哲学史,2003(3).

第三章
波兰尼、庄子意会思想比较

波兰尼立足于批判近代机械主义形成的知识论,认为客观主义的知识观是造成人与自然,甚至是人性扭曲的原因。波兰尼以"意会知识"为基础,提出以建立"个体知识"为核心的意会认知哲学;波兰尼反对批评哲学坚持知识的实用性目的,否认知识的不可言传性,所以波兰尼称自己创建的哲学是后批判性质的哲学,试图恢复直觉、灵感、顿悟等意会因素在人认识过程中的重要地位。我国有深厚的意会理论研究的学术氛围,儒家、道家、禅宗都有丰富的意会研究的历史,庄子更是中国古代意会认知哲学的集大成者,提出了很多的意会思想为现在的人们津津乐道。"知"和"不知之知"是庄子哲学当中很重要的概念,在《庄子》一书中多次通过卮言、寓言和重言的方式提及,并且在《知北游》中专门讲"不知之知",可见,庄子对"不知之知"的重视程度。

从认识论的角度,通过把波兰尼和庄子意会思想对比研究,批判性地吸收国外意会理论的精华,从某种意义上说也是在继承和发展传统文化当中的意会理论,使得传统意会理论能更好地与现代科学相结合。

第一节　意会知识和"不知之知"

意会知识是波兰尼意会认知哲学当中的核心概念,波兰尼认为意会知识相对于言传知识而言具有逻辑优先性,是一切知识的基础和内在本质。庄子也认为"不知之知"是最高的知识,并且认为"不知之知"是一种至高境界的精神状态。我们也就对他们的见解中隐含的与东方传统认识论思想的暗合而觉得坦然了,因为个人追求知识的行为最终的结果是种种个人知识的重合或互相补充。

一、两者相似性的表现

意会知识的最大特点在于它的"个体性",人的身心是获得意会知识的工具,因此波兰尼命名意会知识为"个体知识"。

波兰尼提出意会知识是为了克服客观主义所带来的负面影响。自从 17 世纪科学革命以来,逐渐形成了一种强调科学的"超然"品格(scientific detachment),标举科学的"非个体性的"(impersonal)特征的客观主义的科学观和知识观。客观主义以绝对的客观性为知识之理想,强调人类认识、科学研究过程中所有个体性的成分都被视为有悖于客观主义知识理想的否定性因素,即使难以彻底杜绝的话,也应该尽量克服、减少。① 波兰尼强调知识是人的身体化活动,特别是个体的。个体性的介入普遍性地存在于人的认识过程。知识的个体性存在,似乎是一个矛盾,因为知识必定是普遍的,共相性的存在,看似矛盾的一体可以通过重新定义知识的概念,扩大知识的外延

---

① 郁振华. 克服客观主义——波兰尼的个体知识论[J]. 自然辩证法通讯,2002 (1).

而解决。"意会认识实际上是个体的一种理解力（understanding），是一种领会，把握经验，重组经验，以期达到对它的理智的控制的能力。心灵的意会能力在人类认识的各个层次上都起着主导性的、决定性的作用。"①

庄子继承老子哲学的道体论，并在老子哲学的基础上继续发挥"道无"的哲学思想，在"知者不言，言者不知"（老子）基础上提出"不知之知"。"出入六合，游乎九州，独来独往，是谓独有。独有之人，是谓至贵。"《庄子·在宥》意会之知，需要个人独自的体验和意会，意会之知依附于个体的感悟中，因此说"不知之知"具有"独来独往"的特点，所谓"独"字概括了其个体性的特质。

借鉴格式塔心理学的整体观点，波兰尼强调意会知识的整体性特征。"意会知识的结构在理解活动中表现得极为清楚。……把不连贯的局部理解为完整的整体。"②庄子也认为"不知之知"具有整体性的一面。首先，要从整体的高度上把握"意会之知"，庄子认为只有把部分寓于整体之中，才能真正地洞悉事物的本质。庄子在《庄子·应帝王》中通过讲述一则寓言故事来阐述"不知之知"的不可分割性："南海之帝为儵，北海之帝为忽，中央之帝为浑沌。儵与忽时相与遇于浑沌之地，浑沌待之甚善。儵与忽谋报浑沌之德，曰：'人皆有七窍，以视听食息，此独无有，尝试凿之。'日凿一窍，七日而浑沌死。"认为"不知之知"就如同寓言中的混沌，是一个不可言说的整体，要是强制性地用概念语言的工具进行分解，如同给混沌凿窍，其结果就是整体也不复存在，"日凿一窍，七日而混沌死"。

非批判性质是相对于可以通过逻辑分析的言传知识而言的。波兰尼认为意会知识很难用于逻辑分析，难以进行批判性质的反思。人们无法对存在于头脑中的思想进行明确的解析，因为意会知识只能通过改变对事物看法的方式探索着进行。

对于意会知识的非批判性，庄子用不可"辩"来表达。"明见无值，辩不

---

① 郁振华. 走向知识的默会维度[J]. 自然辩证法研究, 2001(8).
② 迈克尔·波兰尼. 波兰尼讲演集[M]. 彭淮栋, 译. 台北：台北联经出版公司, 1985：32.

若默"(《庄子·知北游》)"知之所不能知者,辩不能举也"。(《庄子·徐无鬼》)他讽刺试图用"辩"来论证意会知识的人:"子乃规规然而求之以察,索之以辩,是直用管窥天,用锥指地也,不亦小乎。"(《庄子·秋水》)

意会知识是正规的知识形式,但是却不能以正规的形式加以传递,只能通过学徒制的方式传递。波兰尼认为意会知识是一项技能,它的不可言传性是不言而喻的。会游泳的人不知道自己如何会在水中浮起来,学会骑自行车的人不知道自己如何最终能驾驭车子等等,这些知识都不是依靠规则或者技术条规来传授的,它们依靠手把手的教授实现,一旦某些技能在一代人手中失传,它们就会从人类的知识总库中消失。

庄子也坚持意会知识的"可传而不可授,可得而不可见"。(庄子·大宗师)"传"指向意向性,"授"是通过具体的言传式的工具进行的获得,庄子认为意会知识是主体感知的对象,而非言传的目标。

波兰尼认为意会知识在逻辑上先于言传知识,并且是言传知识的基础。在任一场合,为了理解言传的意义,认识个体需要大脑事先存储的意会知识的指导。"如果人们把获取知识作为旅行,那么有详尽导游图作指导的旅游者要比没有图步行的旅游者要有明显的优势,正如系统的接受言传知识要比一步步探索总结这些知识要便利方便得多。"[①]换言之,人们首先明白有关地图的知识,然后才能按照地图中的指示进行探索,特别是在创造性活动中,意会在先言传在后的现象更明显。

庄子认为意会知识是超越言传层次的最高层次的知识。庄子说:"故知止其所不知,至矣。"(《庄子·齐物论》)意会知识是最高层面的知识,它具有言传知识没有的超越性。

对美的不断追求是波兰尼意会认知理论升华的重要标志。波兰尼指出,知识都具有"内在的美","人们对知识的追求正是对这种美的追求","理智的激情寻找理智的愉快,表达这种愉快源泉的最常用的字眼就是美。心

---

① 刘仲林. 意会理论:当代认识论热点——庄子与波兰尼思想比较研究[J]. 自然辩证法通讯,1992(1).

灵被美的问题吸引,渴望美的解决。一个美的发现思路是迷人的,心灵孜孜不倦地追求美的发明境界。实际上,我们今天听到科学家和工程师比艺术家和文学评论家更多地直接谈到美。……谁不喜爱和赞美数学内在的壮丽,谁对数学就毫无所知"①。

庄子说,真正赏心悦目的美是涵盖整体的美。"原天地之美"(《庄子·知北游》),毛嫱、丽姬是众人欣赏的美女,但是鱼儿见了她们就潜入水底,鸟儿见了她们就飞向高空,麋鹿见了她们就迅速逃跑。庄子提倡深入认识当中的探索事物的内在美和意义美。

波兰尼通过对意会知识的分析,以科学直觉的研究为先导,逐步形成了对知识生成和运转中那种不可言传明示的意会知识的整合,最终建立意会认知哲学。波兰尼意会哲学以美为主线,把科学、艺术、哲学三大领域贯穿成一体,"从抽象到艺术、音乐,一步而已"②。并且说,"音乐是一篇为了解喜悦而构成的复杂的声文(pattern of sounds)。音乐和数学一样,依依稀稀回响着过去的经验,于经验却又没有明确的关系。它将它了解的喜悦发展成光被的诸般感觉,只有具备亲密了解它结构的天赋、受过亲密了解它的结构教养的人,才能知道的诸般感受。数学是概念的音乐(conceptual music),音乐是感性的数学(sensual mathematic)"③。波兰尼认为意会认知是涵盖了艺术、音乐和科学的哲学,音乐和数学领域内包含着意会知识。

庄子哲学中体现的文学、艺术的价值早已被世人所认可。庄子借助于寓言、卮言、重言,用荒诞不经的文字,依托于天马行空的形象思维能力,开创了中国哲学"正言若反"的哲学叙事模式。的确,不可言传的意会知识无法通过语言具体的表达,要把说不清的东西讲出来,在古代理论水平条件

---

① Polanyi M. The Study of Man[M]. Chicago:The University of Chicago Press,1959:36,38.

② Polanyi M. The Study of Man[M]. Chicago:The University of Chicago Press,1959:40.

③ Polanyi M. The Study of Man[M]. Chicago:The University of Chicago Press,1959:40.

下,这是很困难的。庄子巧妙地借助"正言反说"的方式来实现对意会知识的言说,不失为一种独创。

以上我们从不同侧面对波兰尼和庄子的意会思想进行了比较,由知识层面到深层次哲学,二者有惊人的相似性。对于生活时间相隔有两千多年的两个人,竟然会有如此雷同的哲学思想,不禁让人惊叹!无论是波兰尼,抑或是庄子,其哲学思想系统地呈现了整体性与内在的一致性。尽管波兰尼和庄子意会思想在很多方面有相似的地方,二人因属于不同的文化模式和思想体系,他们的哲学之间还是有较大的差异存在。

二、 两者差异性的表现

波兰尼的哲学思想形成于对两次世界大战后对世界、人生以及他自身所从事的科学事业的反思,因此波兰尼哲学带有批判的意味,他把自己的哲学定位于后批判性的哲学。波兰尼希望"用多个世纪以来的批判性思维教导人们怀疑的官能把人们重新武装起来",使长期以来被客观主义扭曲了的世界恢复它们的本来面目。波兰尼在哲学上最具原创性的贡献是在两种意识的理论的基础上阐明了默会认识的结构,他的目的是为了让人们知道意会知识的内在张力。"我是蓄意由事实谈到价值、由科学谈到艺术,好给诸位来个惊奇的结果。亦即,我们的了解力对这些领域具有同等重要的控制力。从承认知识热情为含摄的适当动机的那一刻起,我就已经预伏了这个通续性。"[1]波兰尼首先是一位化学家,然后才是哲学家的身份,波兰尼哲学的主题是希望"在事实与价值、科学与人性之间的鸿沟上架起通衢之桥的尝试"[2]。波兰尼集中以批判实证主义的科学观为起点,提出以人性为基点的信念支撑,以科学直觉和内在创造力为基础的意会认知哲学。波兰尼希望以重新建构"个人知识"为基础,力图克服长期以来被客观主义框架歪曲了

---

① Polanyi M. The Study of Man[M]. Chicago:The University of Chicago Press,1959:39.

② 迈克尔·波兰尼. 个人知识——迈向后批判哲学[M]. 许泽民,译. 贵阳:贵州人民出版社,2000:封面语.

的世界万物以恢复它们的本来面目和人的怀疑的认知机能。

庄子以"道"为根,论空间则无分大小,论时间则言其常变,论是非则和而通之,论物用则因其所用,论生死则安然顺变,论伦理则勿伤以好恶之情。故自根本论证而言,庄子得天道之枢环而大化周始。[①] 庄子眼中的"道"是人道与天道的统一。人道以天道为外在指向,天道以人道为内在途径,哲学的最终目的是追求生命的纯真与自由,在天地之间"逍遥游"。就天人关系而言,庄子一再通过批评"以物易性""以物易己",提倡超物化或合乎人性的存在,达到"天人合一"的境界;以齐物立论,强调"道通为一"。"齐物"或"道通为一"在本体论上意味着对现实世界的超越,在认识论上要求扬弃基于成心的是非之辩,达到"以道观之"。在庄子的哲学系统中,上述两项哲学主题通过逍遥之论而获得了某种化解。从哲学上看,逍遥首先以物我合一为前提,所谓"天地与我并生,而万物与我为一"(《庄子·齐物论》)便表明了这一点:以"我"与天地万物的合一为内容,外部世界收摄于个体的意义之域,个体存在本身又内在于统一的精神世界,两者相互交融,展示了统一的精神之境。然而,逍遥作为自由的精神之境,同时又总是以自我(个体)为主体或承担者,后者决定了个体的不可消逝性。事实上,庄子确乎将逍遥游,同时理解为个体的"独往独来"。[②]

三、 两者论证方法不同

波兰尼接受过系统的西方传统的科学教育,具备良好的科学修养,因此在哲学观点的论证上更多采取的是逻辑推理、实现验证的论证方法。波兰尼注重实例导向的分析,在借鉴科学实验的例子之后,一步一步陈述哲学观点。这样的一位科学大师从哲学角度写的认识论必定深刻反映了他的切身体验。波兰尼借助于心理学特别是格式塔心理学研究的成果,把它作为意会认知研究的基础。"我们用了格式塔心理学的研究成果,并将此作为我们

---

① http://bbs. renlong. cn/viewthread. php? tid=123882.
② 杨国荣. 庄子哲学及其内在主题[J]. 上海师范大学学报(哲学社会科学版),2006,35(4).

革新的起点。"①

　　庄子哲学的论证方法,不是以逻辑推理作为道论的认识基础,而是以直觉的思维方式方法作为道论的认识基础。对于如何才能获得生命的自由,庄子以道观万物,为真人能体道。庄子认为首先要做的就是"去知"。"道物之极,言默不足以载。非言非默,议有所极。"(《庄子·则阳》)"去知"不是真的无知,而是要超越名言层次,摆脱束缚心灵的樊篱,达到齐物的目的。所谓真人即是去知之人,而悟道的方法就在"心斋""坐忘""悬解"等一类的直觉体悟上,内心虚空乃能通神。心既虚空,则能冥乎于物外。庄子在论证这些意会概念时,不是强以冠名,而是通过对外物的关照时常以艺术家的心态作美学上的观赏,所以常以移情同感之态度,交融内情外景。于基本心态上,不尚概念分析而重实际感受、直觉顿悟。所谓"知天之所为,知人之所为者⋯⋯为知之盛也"(《庄子·大宗师》),即言由主观实感认知位于大自然中的地位,而妥善安排自我,即为真知之盛!

　　在哲学思辨过程中,庄子以开阔的视野以及自由思想,在文学艺术创作方面也表现出独特性的一面。在文学表现形式上具有暗示性。由于庄子认为"言表都所以在意,得意而忘言"(《庄子·外物》),因而他表达思想,并非直接议论,而是通过卮言、寓言、重言等多种方式间接表现。庄子文笔汪洋恣肆,如蛟龙出海,与儒家说教式的哲学思想完全迥异,庄子通过一个个生动形象、幽默机智的寓言故事饰以巧妙活泼的语言文字形式,将其意会思想淋漓尽致地表达出来,在创作上带有浓烈的浪漫主义色彩。所以有人评价庄子:他既是一位旷代的大哲人,同时也是一位绝世的大文豪。

四、 两者结构体系不同

　　波兰尼的意会认知哲学是由一系列的概念、范畴所组成的一个有序而又无形的结构体系。从整体来看,波兰尼意会认知哲学的逻辑起点,其一是始于对客观主义的批判,其二是"人之怀疑感官机能的恢复"。波兰尼正是

---

① 　Polanyi M. Study of Man[M]. Chicago:The University of Chicago Press,1959:28.

从这两个逻辑起点出发,推论出"意会知识"的诸多规定性,同时在"个人知识"哲学体系的建构过程中,波兰尼首先由对科学的"客观性"这一理想化特质的真伪为起点,步步深入,层层剖析,论证了精确的科学真理论的幻灭。由此,波兰尼提出建构以"意会知识"为基础的认知体系。

庄子的哲学自成一体。《庄子》全书围绕着"道"这一核心,形成了庄子独特的世界观、人生观和价值观,构成了庄子的哲学体系。从世界观的角度来讲,他提出了"天道",认为"道"是"万物畜而不知"的宇宙本体。"天不得不高,地不得不广,日月不得不行,万物不得不昌,此其道与!"(《庄子·知北游》)天地万物的存在无不借助于作为自然演化之势能的"道"。在人生观上,人道是天道的内在化。"天在内,人在外,德在乎天。"(《庄子·秋水》)天是自然的内在的东西,人是人为,是外在的东西;德,是顺乎自然的,也就是人顺乎天道。因此,在人类生存方式方面,庄子崇尚自由,提倡"安时而处顺",人生最高境界是绝对的生命自由。从价值观的角度讲,庄子反对异化,要"物物而不物于物"。此三者,皆是以"物物者非物"为起点的。

五、 两者认识角度不同

一般来说,波兰尼着眼于"微观意会论"的角度阐述意会知识。刘仲林教授说:"所谓'微观意会论'是指波兰尼学说。波兰尼的意会理论以活动着的个体人为中心,具体分析个人日常行为中的意会认知体验,强调其中的'理解'成分。没有理解,文字、语言便成了一堆无用的符号,而理解的基础就是意会。波兰尼非常重视个体创造活动中的意会知识的作用。我们称这种从'理解'为出发点,以揭示个体认识过程细节为着眼点的意会理论为'微观意会论'。"①

庄子把中国传统哲学中的宇宙观应用于意会研究。"宇观意会论是指庄子哲学。庄子哲学意会认识的目的在于把握'广广乎其无所不容也,渊渊

---

① 刘仲林. 意会理论:当代认识论热点——庄子与波兰尼思想比较研究[J]. 自然辩证法通讯,1992(1).

乎其不可测也'的大道,也就是把握左右宇宙万事万物发展变化的根本道理。这一最高知识、概念分析无法达到的,唯有借助超越语言的意会知识才能达到。我们称这种以'道'为核心,以开拓无限认识空间为着眼点的意会理论为'宇观意会论'。"①

通过相似性和差异性的比较,我们可以看出波兰尼和庄子意会认识理论虽不尽相同,但是考虑到两人相距时空的遥远性,我们又不禁慨叹思想具有超越时空的特性。虽殊事异路,两种理论却有异曲同工之妙。波兰尼和庄子的意会理论彼此相互照应、互补协调。

第二节 意会认知论和得意忘言论

意会认知思想和得意忘言论分别代表了波兰尼和庄子哲学中的主要意会思想。在庄子看来,意会知识的形成离不开"知"的辅助,但是它更强调精神能量在形成意会认知中的重要作用,人只有经过"堕肢体,黜聪明,离形去知"(《庄子·大宗师》),才能"同于大通"。通过心斋的方式与神相遇,从而体会到至美的境界。波兰尼在表述意会知识时,同样也十分强调精神或者说创造力在形成意会知识中的重要作用。波兰尼在研究格式塔心理学的整体理论和皮亚杰的认知行为理论后,对从事科学研究的科学家群体进行了细致的分析,他发现,在科学探究过程中,科学家的直觉能力对其所从事的科学工作有重要的意义,甚至有些时候,这种在工作中形成对研究对象的洞察力直接决定了科学家成就的取得。不仅如此,意会认知在波兰尼看来,也是一种艺术行为,因为意会知识的个体性,使得意会知识具有了内在美(in-

---

① 刘仲林. 意会理论:当代认识论热点——庄子与波兰尼思想比较研究[J]. 自然辩证法通讯,1992(1).

tellectual beauty），那么，人们对知识的追求就是对美的追求，这是知识的理性内核。波兰尼认为没有对美的至善追求，任何伟大意义的科学发现都是不可取的。

一、 物我关系

物即天地万物，主体之外的事物皆为物。人之外的一切存在都是以物的方式存在的，包括宇宙万物，它们是人类生存的寄托，人类的文明、社会进步总是同宇宙万物演变的过程相互交织在一起，同时对于单个个体而言，人与物的关系又代表着一种态度。在这种意义上说，人类与物之间存在着物我关系、天人关系，乃至于社会上人与人关系乃是一种宇宙统一、自然关系的外延化。在如何对待物我关系的问题上，波兰尼在西方哲学的基础上提出了以个人知识为核心的整体性理念；而庄子则阐述了物我一体思想。波兰尼的物我整体性理念是建立在现代科学观察基础之上的，是对大量材料进行分析综合的结果，是对主客二分的否定；而庄子的整体性思想是建立在原始的直观的观察基础之上的，是一种处在混沌状态、个体体悟的产物，是对主客不分的肯定。

对"物我"关系的论述，可以看成是波兰尼意会认知理论的缩影。波兰尼作为一位物理化学家，自然能够深刻理解微观领域中主体和客体之间相互渗透、相互依存、相互包含的关系。对于意会认知当中的物我关系，波兰尼首先指出：意会知识的不可言传性，源于内居（dwell in）。内居是意会认知生成的方式。所谓内居，是指我们在认识对象时，只有将对象同化于我们的认识活动中，同时也将自己内在地投射于对象，这就是一种双向的"存在于内"。① 也就是说，认识主体通过与认识对象的双向交流活动，通过辅助背景而达到与认识对象融为一体的地步，此时，个人的存在体现在对象之中，意会整合于是得以顺利进行。内居，不仅是意会认知主体——人融入对象的

---

① 迈克尔·波兰尼.科学、信仰与社会[M]. 王靖华，译. 南京:南京大学出版社，2004:115.

过程，而且也是将对象内化为我们存在的一部分的过程，因此，内居是双向性的，在主体客体化的同时，客体也发生着主体化的变化。例如，欣赏一幅画、学习一项技艺等，在欣赏和学习的过程中，我们都是意会地进行着体验、了解、含摄等内居活动，从对象的立场和思想观点出发，以其思维方法去观察和思考，最终达到对其深刻的认识和完整的把握。这也就是马斯洛论述的创造性活动中人应达到的境界：人与其世界的融合，即人与对象同构、相互匹配或互补，融为一体。波兰尼以此为标准或规则去建构意会认识结构，其并不是要生成一个一成不变的体系，而是希望在认清意会知识的特点和结构之后，能够整合个体在认知过程中对"我"这一主体态度的回归，进而推到整个人类社会，达到知与在（knowing and being）的统一。简单来说，就是物我的互化，是认识主体与客体融合为一体的过程。但这种转化要经历一个不断深化的过程：首先是外在的"我"与他物的关系；其次是认识更进一步达到"我—你"的关系之后，主体进入了内居的层面，认识主体把自己投入到特定的认识对象中去；再次是主体和对象一致的"我—我"境界，也是最高的境界——欢会神契（conviviality），在这一过程中，认知主体的背景知识、文化框架、情感信念、情感和价值观皆起作用，在这一层面上，"我"与"物"融合为一，达到庄子所说的"游心于物之初""万物与我齐一"的最高点。波兰尼认为，意会认知理论建立起从自然科学不间断地过渡到对人性的研究。通过"我—它"与"我—你"却根植于主体对自己身体的"我—我"意知，它就填平了"我—它"与"我—你"之间的鸿沟。这代表了最高层次的内居。

　　不同于波兰尼的"先分再合"物我关系论，庄子从一开始就提倡"物我合一"的哲学态度。这是基于对"物我"关系的洞明。天、地、人和物在庄子心目中不是相互孤立、互不干扰的存在物，而是相互联系、相互依存、命运息息相关的有机整体。所以，庄子说："非彼无我，非我无所取。是亦近矣。"（《庄子·齐物论》）物与我之间是相互依存的关系，没有外物就没有我，没有我的存在又如何体现物的存在呢？物我关系实质上体现着主、客体之间的关系。在"我"自然是主体，而"物"是客体，没有主体也就没有客体。世间万物就是互相联系、相辅相成、相互转化的。但在庄子看来，认识到这一层的物我关系,还只是"是亦近矣",也就是接近于对,换言之,就是还不完全对。物我关系还应该更进一步,达到"物我交融、物我两忘"的境界。庄子本身善于体会物情,通情以应物,故能达到物我两忘的至高境界,即天人合一。中国古代哲学家认为物我两忘的境界有三:一是见山是山,见水是水;二是见山不是山,见水不是水;三是见山还是山,见水还是水。这三种境界,就是从有我到忘我的境界。物我两忘的境界体现在超越自我、超越自然的心境上。

庄子认为探索事物的是非真假,也是彼此认识上的是非都是相对的,只有齐是非、齐物我、齐彼此、齐寿夭,取消一切差别,放弃一切对立,做到无知无觉才能回到"道"。《庄子•齐物论》记载的庄周梦蝶的故事:"昔者庄周梦为蝴蝶,栩栩然蝴蝶也,自喻适志与! 不知周也。俄然觉,则蘧蘧然周也。不知周之梦为蝴蝶与? 蝴蝶之梦为周与? 周与蝴蝶则必有分矣。此之谓物化。"可以看出,庄子在重视直觉观念的同时,也主张"物我齐一"的思想,即把自己的形体看作也许是蝴蝶梦中的幻想,又有身外的蝴蝶。既不能确知有"我",也不能确知有"物","我""物"在庄子看来是无法区分的。最终是要消除大小、长短之分,摈弃"我物"之分,达到"物我齐一"作逍遥游。

波兰尼借助于内居的概念,让其"物我"的关系趋向于庄子哲学中"天人合一"的境界,正如天地人浑然一体中的物我相融一样,意会认知中的物我也已难解难分,但是这并不意味着两者在物我关系上没有差异。波兰尼由内而外探究物我关系的方式与庄子通过直觉思维直接把握两者之间的关系相比,前者是一种外在的、理想化的、逻辑的研究,后者更具有震撼力。

二、 抽象思维和直觉思维的关系

抽象(逻辑)思维和直觉(意象)思维是人类思维方式的两种基本类型。抽象思维是运用概念,进行判断、推理的思维方式,虽然抽象思维有时也依赖动作和表象,但它主要以概念为认识对象。概念是抽象思维的细胞,推理是抽象思维的核心。不同于抽象思维的是形象思维,其特征是以表象和形象作为思维的主要对象,并可按其发展程度的高低划分为具体形象思维和一般形象思维这样两个不同的阶段。直觉思维的起点不是概念,而是想象。

波兰尼的意会认知思想力图扭转人类的整个认识论,无疑要涉及思维形式的问题,事实也确实如此,波兰尼赋予思维以特殊的地位。中国传统哲学意象思维是以"触类旁通"为特点,带有跳跃性和创造性,庄子哲学中的形象思维尤其具有代表性。

　　波兰尼用言传知识与意会知识来区分人认识外界事物过程中的两种阶段,并且认为言传知识是"从人们习得的形式思维工具中得到巨大增强的智力"①。意会认知行为是静默的智力行为。"形式化的智力两个互相冲突的方面可以通过以下两种设想而得到缓解:言述总是不完全的,我们的言述行为绝不能完全取代而是必须继续依赖于我们曾经与我们同样年龄的黑猩猩共同享有的那种静默的智力行为。"②从认识的角度看,言传知识属于感知层面,而意会知识则是内驱力的层面。感知能力使人产生了语言,人运用言传知识的能力是其区别于一般动物的关键所在。人相对于动物的优势是:"原始的非言述官能中的一点几乎难以觉察的优势。"③人与动物的区别源于言语的应用,"如果把语言线索排除掉,人在解决我们给动物提出的问题方面只比动物稍好罢了"④。但把人与动物的区别仅仅看成是语言上的区分,未免有些不妥。在波兰尼看来,感知能力除了人们感知外在世界的东西之外,还包括人的思维。言传知识是通过形式思维工具获得的,"我们的正规教育在一个言述的文化框架内运作,在我们内心唤起了一套精心培育的感情反应。靠着这些感情的力量,我们吸收了并维护着这一框架,把它视为自己的文化"⑤。依靠抽象思维的形式,我们获得了言传的知识,言传知识的再学习

---

　　①　迈克尔·波兰尼.个人知识——迈向后批判哲学[M].许泽民,译.贵阳:贵州人民出版社,2000:102.

　　②　迈克尔·波兰尼.个人知识——迈向后批判哲学[M].许泽民,译.贵阳:贵州人民出版社,2000:103.

　　③　迈克尔·波兰尼.个人知识——迈向后批判哲学[M].许泽民,译.贵阳:贵州人民出版社,2000:102.

　　④　迈克尔·波兰尼.个人知识——迈向后批判哲学[M].许泽民,译.贵阳:贵州人民出版社,2000:103.

　　⑤　迈克尔·波兰尼.个人知识——迈向后批判哲学[M].许泽民,译.贵阳:贵州人民出版社,2000:93.

过程同样是在形式思维的框架内进行的。但这样还不够,承认言述知识的真实可靠,还要依赖于对言传知识的鉴定,"真理的建立就变得有赖于我们自己个人的一套评价标准了,但是这套标准却不可能得到形式上的定义"①。意会知识是依靠抽象思维以外的方式获得的,并且决定着言传知识的决定权。

在波兰尼看来,直觉、想象力这类的直觉思维是决定着科学家能否在自己所从事的领域内取得突破的决定性因素。他举例说:"优秀的数学家通常都能迅速而可靠地进行计算,因为除非他们掌握这种技巧,否则他们将无法发挥自己的独创性——但是,他们的独创性本身却在于产生种种想法。"②"数学家在朝着发现艰苦地摸索着前进时把自己的信心从直觉转向计算,又从计算转回到直觉上,从来不放松对这两者的把握。"③所以,波兰尼总结道,把科学视为纯粹依靠理性而获得的结果的看法是错误的,因为"科学所进行的一个极为重要的判断,就是基于运用众多的微妙的启示及其引导的直觉,而对事物和现象的可信性进行估计"④。知识的取得,需要人们的意会认识的参与和评估,从这个意义上说,直觉思维决定着抽象思维的范围和深度。

一般认为,庄子哲学体现出直觉类型的思维方式。传统思维决定了传统文化。在中国传统思维方式中,庄子思维方式以直觉体悟为主要形式,在先秦诸子学派中影响最为深远。诺贝尔奖获得者汤川秀树在其著作中说:"庄子的想法不能纳入形式逻辑的模式中……他的作品充满了比喻和佯谬,而且其中最吸引人的是这些比喻和佯谬揭示在我面前的那个充满幻想的广

---

① 迈克尔·波兰尼. 个人知识——迈向后批判哲学[M]. 许泽民,译. 贵阳:贵州人民出版社,2000:104.

② 迈克尔·波兰尼. 个人知识——迈向后批判哲学[M]. 许泽民,译. 贵阳:贵州人民出版社,2000:198.

③ 迈克尔·波兰尼. 个人知识——迈向后批判哲学[M]. 许泽民,译. 贵阳:贵州人民出版社,2000:199.

④ Polanyi M. The Growth of Science in Society[J]. Minerva,1967:533 - 543.

阔世界。"①甚至于汤川秀树把庄子"浑沌"思想运用于基本粒子的探索过程中,"南海之帝为倏,北海之帝为忽,中央之帝为浑沌。倏与忽时相与遇于浑沌之地,浑沌待之甚善。倏与忽谋报浑沌之德,曰:'人皆有七窍,以视听食息,此独无有,尝试凿之。'日凿一窍,七日而浑沌死"。(《庄子·应帝王》)通过这个寓言,让汤川秀树产生了基本粒子带有似有若无的"浑沌态"的猜想,时隔几年之后被证实是正确的理论。

直觉思维是庄子哲学最主要的特征。庄子哲学的认识对象是"道",而"道"的广袤深邃决定了对"道"的认识只能以"体悟"的方式进行。表达直觉思维的方式有各种各样的可能性,但是其中重要的一种方式就是类比。类比是这样一些方式中最具体的一种,它们把那些在一个领域中形成的关系应用到另一个不同领域中去。它要求认识的主体具备丰富的想象力和感悟力,这也是中国古人最擅长的一种方式,庄子通过各种生动有趣的寓言、辛辣的讽刺和辉煌的想象来表述在这些文字表面下所蕴藏着的深刻而自治的哲学思想。庄子以人之乐来类比鱼之乐,以庖丁解牛、轮扁斫轮来类比知识的意会性质,用树木的大小来推论"无用之用为大用"的思想等等。在《庄子》一书中随处都体现着庄子的直觉思维特征。

直觉思维方式超越于一般的感性认识和理性认识方式,具有不同于抽象思维的特点,具体来说主要有以下几点:一是直接性,即心灵不经中介环节而对认知客体的直接把握。《庄子·养生主》说:"以神遇而不以目视,官知止而神欲行。"其中的"神遇"即心灵的直接把握。二是意会性,即不能以言辞表达而只能以静默之心去体悟认知客体。"庖丁解牛""轮扁斫轮"等寓言都充分说明了这一点。三是整体性,即不以分解的方式而从整体上去把握认知对象,如《庄子·天下》曰,"泛爱万物,天地一体也",《庄子·齐物论》曰,"天地与我并生,而万物与我为一"。②

---

① 汤川秀树. 创造力与直觉——一个物理学家对于东西方的考察[M]. 周东林,译. 上海:复旦大学出版社,1987:44.

② 刁生虎. 老庄直觉思维及其方法论意义[J]. 焦作教育学院学报(综合版),2001(7).

波兰尼的意会认识论中的许多观点和思维特征的揭示都和庄子思维极为接近。重视直觉思维,是两者共同的特点。科学和实用的、技术的及归纳的东西相对立的,是波兰尼一反西方哲学传统思维的形而上学、思辨的和演绎的东西,科学的思维方式介于两个极端之间,即从直觉思维进行猜测,经过抽象思维方式论证,最后力图成功为旧事物增添某种新的东西。正如爱因斯坦说的,科学的发现首先始于想象,科学发展不能仅靠推理,还有直感。钱学森说:具体人的思维,不可能限于哪一种。解决一个问题,做一项工作或某个思维过程,至少是两种思维并用,其中的"两种"就是抽象思维和直觉思维。

三、 技能和实践的关系

为了拒绝科学的超脱理想,波兰尼杜撰了"个人知识"一词。波兰尼通过扩大知识的范围,修改知识的概念,让看似矛盾的"个人知识"有了新的意义。庄子哲学要比人们通常所认为的现实得多。实践知识和专门技能的研究可以补证许多传统的神秘主义的解释,帮助我们正确理解庄子的直觉思维以及以道观之的知行理想。

技艺、技能和技巧等方面的知识是意会知识的重要组成部分。意会知识附着在人们经验化的技能之中。波兰尼认为探求知识的过程是一种要求技能的行为,这一过程包含了"无所不在"的个人参与,即使在最精密的科学领域内,"知识的获得也要求科学家的热情参与,要依赖科学家的技能和个人判断"[1]。由此,波兰尼所说的技能实质上是能够充分展现个体性的技艺。认知者能凭借自身的体验对这些技能形成独特的有别于其他人的领悟——意会知识。波兰尼赋予技能以艺术的鉴赏和直觉的感悟力,深刻地揭示了技能的个体特性。技能有两种:一类是自行揣摩的技能,例如,会游泳的人并不知道自己在水中漂浮起来的原因,骑自行车的人同样也不明白自己保

---

① 迈克尔·波兰尼.个人知识——迈向后批判哲学[M].许泽民,译.贵阳:贵州人民出版社,2000:5.

持平衡的原因。这一类的技能特点是"实施技能的目的是通过遵循一套规则达到的,但实施技能的人却并不知道自己这样做了"①。这一类的技能只有通过个人亲身实践才能掌握,所谓的规则也只有跟实践结合起来时才能对技能有指导上的意义。自行揣摩的技能的意会含义是不言而喻的。第二类是行家绝技。它同样也是一项技能,因为只能通过示范而不能通过技术规则来交流。"通过示范学习就是投靠权威。……在师父的示范下,通过观察和模仿,徒弟会在不知不觉中学会了那种技艺的规则,包括那些连师父本人也不外显地知道的规则。一个人要想吸收这些隐含的规则,就只能毫无批判地委身于另一个人进行模仿。一个社会要想把个人知识资产保存下来,就得服从传统。"②

在波兰尼看来,意会知识是不可言传的技能,学习者必须委身于传统和权威,知识通过师父的示范和学习者的学习来传授,它具有个体性和不可言传的特性。

庄子的认识论和实践论是一个整体,技与道的关系是庄子哲学尤其关注的一个重要问题。庄子的道既是本体论、认识论,又是方法论、实践论。从古书的记载中可以知道,庄子本人精通各种技能,他会织草鞋,做过漆匠[司马迁记载"周尝为蒙漆园吏"(《史记·老子韩非列传》)],并对木工、陶工、屠宰、洗染等几乎所有的手工艺都十分精通。庄子在这些手工技能劳动的实践过程中,对各种物质的属性一定会有较为深刻的认识和体验,并通过这种体验进入了"直观体道","道不可言"的精神修养境界和哲学境界。这种悉心于技艺的经验体会成了庄子哲学思想逻辑展开的不竭源泉。因此,庄子在"庖丁解牛"的寓言中提出"道也,进乎技矣"的观点也就不足为奇了。"技进乎道"是庄子哲学的灵魂。庄子常常以出神入化的技术操作比喻得道的境界,这是因为中国古代的"道"本为解决问题的具体途径,带有强烈的实

---

① 迈克尔·波兰尼. 个人知识——迈向后批判哲学[M]. 许泽民,译. 贵阳:贵州人民出版社,2000:73.

② 迈克尔·波兰尼. 个人知识——迈向后批判哲学[M]. 许泽民,译. 贵阳:贵州人民出版社,2000:79-80.

践性。但"道"又超越单纯"技"的层面,追求"技"之进于"道"。这种进"道"之"技"的实现,既与操作者的把握事物规律的深度和广度有关,也与他的心灵境界有关。《庄子》以"庖丁解牛""梓庆削木为鐻""轮扁斫轮"等诸事,阐述由"技"到"道"的思想,因为从概念出发去认识"道"总是片面的。在庖丁为文惠君解牛时"手之所触,肩之所倚,足之所履,膝之所踦,砉然向然,奏刀騞然,莫不中音。合于《桑林》之舞,乃中《经首》之会"。庖丁技艺娴熟,解牛时毫无吃力感,相反就像一场神妙的音乐舞蹈:奏刀若奏乐,所以有"合于《桑林》之舞""中《经首》之会"之文。庖丁解牛与"桑林"的步伐和"经首"的节拍相吻合,声有粗细有致。难怪文惠君会发出:"嘻,善哉!技盖至此乎"(庄子·养生主)的疑问。庖丁解刀对曰:"臣之所好者道也,进乎技矣。"(庄子·养生主)庖丁把解牛的过程看成是体"道"的过程,"以神遇而不以目视,官知止而神欲行"(庄子·养生主),排除感官屏障,通过直觉直接实现对"道"的把握。而在"梓庆削木为鐻"的寓言中,则具体描述了如何才能做到"以神遇而不以目视"的境界。"臣将为鐻,未尝敢以耗气也,必齐以静心。齐三日,而不敢怀庆赏爵禄;齐五日,不敢怀非誉巧拙;齐七日,辄然忘吾有四枝形体也。当是时也,无公朝,其巧专而外骨消。然后入山林,观天性,形躯至矣,然后成见鐻,然后加手焉;不然则已,则以天合天,器之所以疑神者,其是与!"(《庄子·达生》)梓庆为鐻,实质上就是求道的过程。准备做鐻时,必定斋戒来静养心思。斋戒三天,不再怀有庆贺、赏赐、获取爵位和俸禄的思想;斋戒五天,不再心存非议、夸誉、技巧或笨拙的杂念;斋戒七天,已不为外物所动,仿佛忘掉了自己的四肢和形体。能外物之后,然后才动手加工制作;用木工的纯真本性融合木料的自然天性,制成的器物疑为神鬼工夫的原因。梓庆的经验同样也是经由"技"到"道"的具体过程:遵循自然,以天合天,用天性和合自然。在"轮扁斫轮"的寓言中,庄子又借轮扁说出,"斫轮,徐则甘而不固,疾则苦而不入,不徐不疾,得之于手而应于心,口不能言,有数存焉于其间"(《庄子·天道》),强调了"道"不可言传的特性,只能个人"得之于手而应于心",通过实践,才能获得真知,同样强调了实践的重要性。从庖丁解牛的"以神遇而不以目视,官知止而神欲行"强调通神,到梓庆削木为镱,阐述由"技"到"道"的程序,同时也彰显"道"的天然本性,体道应顺其自然。最后,用轮扁斫轮的语言传递获得真知的途径。由此,庄子主要通过形象生动的寓言故事体现这种通"道"之技。庖丁解牛、轮扁斫轮、佝偻承蜩、运斤成风、大马捶钩、津人操舟等,其中的技都是通"道"之"技"。在庄子看来"道"与"技"具有相通性,由"技"入"道"是求道的有效途径。

　　庄子的"技"强调顺其天性,物近自然,天人合一的境界。"庄子的技不同于以动力机械为特征的现代技术,而是更多地与艺相通,与个体心灵的创造性相关,能在超越层面上与道合一而游于自由之境。技低于道,但能载道,道又是技的出发点,亦是道的升华和飞跃,技与道是密不可分地联系在一起的。通过出神入化、得心应手的技艺操作所达到的技道合一的境界实际上就是一种审美的自由境界,而美也因此成为实践活动的自由。"①掌握技术的人处于一种自然无为、物我化一、得心应手的自由境界。通"道"之"技"是技术的最理想状态。相对于波兰尼在"个人知识"中的技能,庄子所强调的技能更多是基于实践、来源于生活、贴近自然的一种精神状态。李约瑟声称:道家哲学保存在"内在而未诞生的、最充分意义上的科学"②就是从这一侧面来讲的。

第三节　东西方意会思想的会通

　　了解不同时代的知识观,可以帮助我们辩证地看待意会知识形成的历史。波兰尼的意会知识是后现代的知识,是对现代知识观的反思和批判。在继承古希腊理性的知识观的基础上,强调知识是经过证实了的真的信念

---

① 韦拴喜. 技、道之思——兼论美的本质问题[J]. 北京化工大学学报(社会科学版),2008(3).

② 李约瑟. 中国科学技术史[M]. 第五卷第二分册. 序. 北京:科学出版社,1978.

的同时,突出知识的客观性也是由主体建构的。庄子的知识源于中国古代的认知观。"知"不仅有知识的含义,而且本质上也是一种人生观和世界观。

一、 西方意会思想渊源

　　意会知识的研究历史最早可以追溯到古希腊和中国古代。古希腊时期,苏格拉底在谈伦理问题时,"始终坚持说自己一无所知,并且说,他之所以比其他人聪明就在于他知道自己一无所知;然而,坚持说自己一无所知,并不是说他认为知识是不能得到的……相反,苏格拉底不但认为追求知识具有十分重大的意义,而且认为通过努力,知识是能够获得的……使一切的人德行完美所必须的就只是知识"①。柏拉图提出了更加明确的知识观,"知识不是知觉"②"知识属于超越感官的永恒的世界。……但知识却可以触及美的本质,触及'美的自身'。"③在《美诺篇》中,柏拉图阐述了这种知识观:一、如果人类要对任何事物具有真正的知识,就必须摆脱肉体,这样,灵魂才能看到事物的自身。这时,我们才能得到我们希望得到的知识。这一切,只能发生在我们死后,我们生前是不能得到的;因灵魂如果和肉体结合在一起,就不可能有纯粹的知识。二、介于存在和不存在之间的东西,并不是知识,知识无法被清晰地表达出来,因为知识是绝对永恒的真理。换言之,仅有言传形式还不足以表达出完整意义的知识,知识还具有内在特性,这种内在特性就是反溯源于人的灵魂。这应说是与意会知识最早的相关表述。

　　真正意义上的知识观确立于近代。笛卡尔是近代西方哲学的始祖。"我思,故我在"是笛卡尔哲学中的第一原理,也开创了近代西欧哲学从本体论到认识论的过渡,通过"我思"直观"我在",彰显自我意识的存在。笛卡尔极力突出"天赋观念"在认识中的重要作用,并且指出"凡是我们能够设想得很清晰、很判然的一切事物都是真的"④。"天赋观念"是笛卡尔整个知识论

---

① 罗素.西方哲学史(上、下)[M].马元德,编译. 北京:商务印书馆,2015:128.
② 罗素.西方哲学史(上、下)[M].马元德,编译. 北京:商务印书馆,2015:162.
③ 罗素.西方哲学史(上、下)[M].马元德,编译. 北京:商务印书馆,2015:38.
④ 罗素.西方哲学史(上、下)[M].马元德,编译. 北京:商务印书馆,2015:88.

的基础,并由此演绎出其他理性观念。对于知识,笛卡尔认为认识外界事物不可靠感官,必须凭精神。笛卡尔不仅贬抑"来自外界的观念"在认识中的作用,而且试图说明这类观念的本质(广延)仍然是从"天赋观念"中演绎而来的。笛卡尔的知识论思想充满了经院哲学神秘主义的色彩,但最初对意会知识的信仰恰恰是在确定主体地位的基础上孕育的。

康德是西方哲学唯心论的奠基人,也是近代最伟大的哲学家之一。康德哲学理论的一个基本出发点是:将经验转化为知识的理性(即"范畴")是人与生俱来的,没有先天的范畴我们就无法理解世界。这也就是说,主体的人,在面对复杂多变的感性世界时能够产生明晰的主观认识的原因在于,主体头脑中的某种"先验形式"对之进行了组织和整理的结果。康德认为,知识是人类同时透过感官与理性得到的。经验对知识的产生是必要的,但不是唯一的要素。把经验转换为知识,就需要理性(康德与亚里士多德一样,将这种理性称为"范畴"),而理性则是天赋的。人类通过范畴的框架来获得外界的经验,没有范畴就无法感知世界。因此,范畴与经验一样,是获得知识的必要条件。但人类的范畴中也有一些可以改变人类对世界观念的因素。事物本身与人所看到的事物是不同的,人永远无法确知事物的真正面貌。① 很明显,康德的先天知识的概念与意会知识有某些相似性,而且强调经验对形成知识的重要性,这些都对意会知识研究具有非常重要的意义。

波兰尼的意会思想很大程度上是受到现象学的影响。波兰尼自己也承认他的观点与胡塞尔的思想比较接近。②胡塞尔基于布伦塔诺的意向性理论,即认为全部现象可以划分为物理的和心理的两类,心理学研究的对象不是感觉、判断等思维内容,而是感觉、判断等思维活动,而这些现象的"类"的特征即在于其"意向性"。胡塞尔认为对主体的认识来说,重要的并不是对象是否被感知,而是对象究竟以何种构成方式被构成。他甚至指出,所谓经验的,也就是主体自身的经验:胡塞尔极端地强调人在认识过程中的主观意

---

① 曾纪军,刘烨.康德的智慧(序)[M].北京:中国电影出版社,2007.

② 邓线平.波兰尼与胡塞尔认识论思想比较研究[M].北京:知识产权出版社,2009:6.

向作用,对于波兰尼建构其意会知识结构和理论体系,应该说具有更直接和更深刻的影响。

由此,追溯西方哲学的意会传统的过程中大致可以发现,意会知识的个体性、意会性、不可言传等特性在古希腊时期就已经开始。柏拉图的"超知觉"到笛卡尔的"天赋理念"再到康德的"先天知识"以及现象学理论,都以哲学特有的方式暗示了意会知识的存在,它不同于一般言传的表达知识的方式,它是一种以意会的带有主体性特点的知识类型。

二、 我国意会认识的传统文化基础

相对于西方哲学而言,中国哲学本身就是意会性质的哲学。在思维方式上,传统的意象思维是一种直觉思维,通过"立象尽意""观象制器"等方式来"说不可说""传不可传",实际上蕴含了意会知识传承的机制与途径。强调意会知识可以说是东方哲学,特别是中国哲学的特点。在中国古代哲学发展史上,道家、玄学、佛学特别是禅宗都对意会认识理论做出了系统的研究。早在两千多年前,道家——意会知识的始发起者老子开篇就说:"道可道,非常道;名可名,非常名。"从而把意会的认识当作认识宇宙本体的最高认知方式,确定了意会认识在中国传统哲学中至高无上的认识论地位。魏晋南北朝时期,玄学把意会知识研究推向了新的高峰。围绕"言不尽意"和"言尽意"哲学话题分别进行了深入讨论,意会知识与言传知识的关系问题自此成为一个重要的哲学主题。

自南北朝时,禅宗——作为中国佛教最主要的一个宗派,从宗教修养的角度,在儒、道吸收了意会思想的基础上,提出了一套意会认知理论,其核心观念就是以"不立文字,教外别传"的方式参禅悟道。宋明理学融会了道家和禅宗两家的思想,把中国意会认识研究推向了高峰。理学的一派是以程颢、程颐以及朱熹等人为代表,其认识论纲领是"格物致知"。这里所说的"格物",是指就物而穷其理,达到融会贯通,最终能够物我融为一体,达到明心则性的目的。这一过程正是"顿悟",如朱熹所说,"不知不觉,自然醒悟"(《朱子语类》卷十八)。在这一派看来,物有心有知,而穷理之途只有反求诸心，"心包万理"正是开发心智而求"豁然贯通"。理学的另一派是以陆九渊和王守仁为代表的心学，其认识论纲领是"反省内求"。心学主张"心即是理"，只要反求诸己，实行向内反省的"易简"，就可做到"此心澄莹中立"，这也就是王守仁所说的"致良知"和"不待虑而知，不待学而能"（王阴明《大学问》）。[①] 宋明理学重视人的主观意志在认识中的作用，强调人与自然相处时的主观心智的能动性，这对研究意会知识具有积极的启发意义。

新文化运动以来，全盘西化的思潮在中国的影响力扩大，一批学者坚信中国传统文化对中国仍有价值，认为中国本土固有的儒家文化和人文思想存在永恒的价值。谋求中国文化和社会现代化的一个学术思想流派，强调"心性之学"为了解中国文化传统的基础，其主要代表人物有熊十力、冯友兰等。熊十力是我国现代哲学史上最具有原创力、影响力的哲学家之一。他奠定了现代新儒学思潮的哲学形上学基础。他的主要哲学观点有："今造此论，为欲悟诸究玄学者，令知实体非是离自心外在境界，及非知识所行境界，唯是反求实证相应故。"[②]所谓"非知识所行境界"，即明示一般所谓知识都只停留于形下之知性层面，无由进入形而上的领域；对于形而上的知识要"反求实证"，在他看来，也只有反求实证才能真正进入形上超越的领域。"真见体者，反诸内心。自他无间，征物我之同源。动静一如，泯时空之分段。"[③]

冯友兰是熊十力同时期的新理学的代表人物。新理学不仅充分引入逻辑分析法（正的方法），而且从中国传统形上学中总结出"负的方法"即直觉的方法，形成"正负整合"的完整的形而上学方法。冯友兰常比喻说，这种"负的方法"就如传统中国画中"烘云托月"的手法，画家的本意是画月，却只在上面画一大片云彩，于所画云彩中留一圆的空白，空白即是月。其所画之月正在他所未画的地方。"负的方法"是为了解决"要思议不可思议的东西，要言说不可言说的东西"[④]。接着冯友兰明确提出，"负的方法"在形上学最

---

① 郭芙蕊. 意会知识的历史研究[J]. 天津市社会主义学院学报，2004(1).
② 熊十力. 熊十力全集(第二卷)[M]. 武汉：湖北教育出版社，2001：10.
③ 熊十力. 熊十力全集(第二卷)[M]. 武汉：湖北教育出版社，2001：10.
④ 冯友兰. 哲学与逻辑[J]. 哲学评论，1937，7(3).

高层认识中的地位。他说:"我在《新理学》中用的方法完全是分析的方法。可是写了这部书以后,我开始认识到'负的方法'也重要……现在,如果有人要我下哲学的定义,我就会用悖论的方式回答:哲学,特别是形上学,是一门这样的知识,在其发展中,最终成为'不知之知'。如果的确如此,就非用'负的方法'不可。"①冯友兰认为道家是"负的方法"的集大成者,之后的佛家、魏晋玄学都是在道家的基础上加强了"负的方法"的运用,禅宗主要是运用方法来表现悟道的境界;宋明理学也是在融合儒道之后的产物,"正的方法"很自然地在西方哲学中占统治地位,"负的方法"很自然地在中国哲学中占统治地位。由此,正负的方法之分已提升到中西文化之分的高度。② 冯友兰关于"负的方法"分析,是在比较西方逻辑分析方法之后,对中国古代意会认识的新认识。

冯友兰在运用西方现代哲学的逻辑分析方法的同时,重视"负的方法"的运用,这使得冯友兰哲学比以往传统哲学清晰、明辨。他认为两种方法,"离则两伤","合则双善"。两种方法交互为用的真正意义在于中西哲学的互补:一方面用中国哲学的直觉体认补充欧洲哲学的理智分析;另 一方面,"中国哲学思想也由欧洲的逻辑和清晰的思维来予以阐明"③。冯友兰则把谋求中西哲学的融合、互补具体落实为创造体系的方法论原则。由此,冯友兰敏锐地认识到二者结合的优势,即可实现"极高明而道中庸"的理论追求。冯友兰有关"负的方法"的认识和阐述,更多地接受了道家和禅宗的影响,并没有从认识论的高度对两种方法进行细致的分析以及讨论两者结合的依据,这是冯友兰哲学的不足之处。但是,"负的方法"实际上是意会知识的另外一种提法,为我们理解意会知识提供很好的参考。

通过研究中西意会知识的历史可以得知,逻辑分析为主的西方哲学中也存在未获得充分发展意会知识的研究传统。以意会认识见长的中国哲

---

① 冯友兰. 中国哲学简史[M]. 北京:北京大学出版社,1985:387.

② 刘仲林. 冯友兰"负的方法"反思与重估[J]. 河北师范大学学报(哲学社会科学版),1997(3).

③ 冯友兰. 中国现代哲学史[M]. 广州:广东出版社,1999:200.

学,"正的方法"历来缺乏清晰思想的论述,因此,"只有两者相结合才能产生未来的哲学"。① 从中西哲学史上对意会知识的探讨方面看,对意会知识研究的重视古已有之。

三、 阴阳之道

《易经》曰:"一阴一阳之谓道,继之者善也,成之者性也。"这一句中包含着两重基本的关系,即阴阳关系与阴阳与"道"的关系问题。具体来讲有三层含义:第一层,阴阳合为道;第二层,阴阳交错转换,阴进为阳,阳进为阴,阴阳交变;第三层:阴阳创生,阴阳平衡以至和谐。考虑到波兰尼和庄子对意会认知的认知方式不同,波兰尼重视概念分析,庄子注重哲学直觉把握,基于这一点也暗合《易经》上另外一句"形而上者谓之道,形而下者谓之器"的含义。如果把波兰尼意会思想比作阴,那么庄子的意会之知即为阳,阴阳交错、中西结合会产生新的认识反应。就这一点来说颇有几分意蕴。

在对中西意会知识的历史追溯中,可以看出,中国的意会认知传统注重认识的整体综合、经验描述和直觉顿悟等方面的内容,与西方意会研究历史相比,这正是中国文明在获取自然知识并将其应用于实际需要方面更有效的一个原因。但是这些研究具有内在的缺陷,比如整体综合没有与具体分析相结合、经验描述缺乏理论基础、直觉顿悟没有逻辑推理的支持等,因而又使得意会知识缺乏科学分析的依据,这些缺陷长期没有得到自觉的纠正和方法上的补充,因而难以对意会知识的再发展提供科学的动力。而西方哲学,尤其是波兰尼对意会知识的分析过程中,能自觉地将实验分析、数学分析、逻辑推理和理论建构与意会知识的研究有机地结合起来,在借鉴西方意会知识研究的方法上,通过探讨中西意会认识上的差异,为融合中西方意会认知提供一种新的视角。

波兰尼的意会知识与庄子的意会认知之间类似于阴阳的关系,波兰尼和庄子所处的历史时代以及文化背景差异,导致他们的哲学思想有明显的

---

① 冯友兰.中国哲学简史[M].北京:北京大学出版社,1985:387.

不同。前面一节已经详细论述波兰尼的意会认知哲学着眼于认识空间,概念之间是横向的联系;而庄子哲学的意会认识着眼于认识的过程,时间的跨度比较大。两者依据的原理也有很多差异:波兰尼对意会知识的表述涉及科学哲学、心理学、社会科学等;而庄子主要是通过列举日常生活中的意会知识的例子,以使读者了解这种不可言传的真实含义。在方法论意义上的不同表现为:波兰尼通过西方哲学特有的逻辑分析方法;庄子则是典型的东方哲学的直觉思维分析,通过寓言、卮言、重言表述意会认知思想。

作为西方意会知识研究的集大成者,波兰尼从探讨两种知识问题出发,对人类的觉察和活动进行了分类,通过两种觉察、两种活动将人的知识进行了结构上的分析,并揭示出意会知识的构成。传统意会认知的代表庄子则从认识论的角度提出直觉把握的方式,一中一西的结合,更利于意会知识的研究与传承。波兰尼意会思想既继承着西方意会研究传统,但同时在波兰尼的哲学中我们能够找到庄子哲学的意蕴。波兰尼用科学的方法把庄子哲学中不可言说的东西说出来了。不过,波兰尼哲学也不是对庄子哲学简单的复归,而是新的理性揭示和重构。东方文化和现代西方科学相结合统一,将是21世纪哲学变革的先声。日本学者在这方面进行了有益的探索,例如,野中郁次郎以波兰尼的知识两分法为基础,跟踪观察日本企业的创新过程,利用传统式的模糊思维,进行了显性知识和隐性知识之间的转换研究,并建立了创造知识的"SECI模型",提出了"知识创造螺旋"的动态概念;而日本首位诺贝尔奖获得者汤川秀树在其著作《创造力与直觉——一个物理学家对于东西方的考察》中,谈到自己从《庄子》中读出对基本粒子世界的许多天才般的暗示。汤川秀树认为,现代科学尤其是物理学,很多细节无法直接识别。例如,我们要把握住基本粒子的结构,为了做到这一点,也许必须采取冲破现有知识框框的奇妙思维方法——直觉思维方法,它可以弥补逻辑和实验方法的不足。"正如直觉的背后是抽象在发挥功能那样,在抽象功能的背后不是从整体上来把握事物的直觉在发挥功能吗?我们期待着,什么时候直觉的功能得以发挥,使得理论向更高的新阶段的飞跃得以实现,从而产

生新的物质和自然观。"①汤川秀树认为,笛卡尔非常重视直观,他能够深刻
理解合理主义和直观主义原本的一致性。

我们很欣赏日本学者把东方文化引入意会认知理论研究的开拓性精
神。同时,也感觉到西方文化和中国传统文化之间存在着巨大的鸿沟,根植
于西方科学研究中的知识分类,在与中国意会哲学结合上需要有一个整体
上融会贯通的环节,仅仅从局部借鉴,很难达到真正意义上的整合。野中郁
次郎从知识管理的角度,汤川秀树从一个物理学家对传统文化的感悟,这些
都不够全面,有些理解也还不够深入,同时也缺乏东西文化观念整合的部
分,很难达到会通中西的境地。

笔者认为,不能仅仅从局部对波兰尼的意会认知理论进行解读,而应该
从传统文化的意会根源的高度,通过比较和革新,促进波兰尼意会认知理论
和庄子意会知识的高层次结合,形成一个有机的整体。

今天的科学与人文之间应该是一个超越意识形态,基于人类规模上加
以推进的事业,西方中心主义在理论上固然是必须要克服的,同时也要着眼
于中国传统文化的现代化,打破观念上的束缚,对此,波兰尼并不认同许多
西方哲学家的很多观点,他们以为哲学特别是科学哲学实质上是人对世界
的认识,从而轻视了人类自身认识能力参与的必要。而庄子早在两千多年
前就认识到这一矛盾,人为了摆脱物化的危险,就必须要获得生命的自由。
在此新理论情景中,西方理论家和传统哲学的作用又该如何加以调整呢?
传统哲学不是一种完结,而是一种开始。现在,这种开始必须在全体人类文
化的层次上加以重新组织了。

---

① 汤川秀树. 人类的创造[M]. 那日苏,译. 石家庄:河北科学技术出版社,2002:
132-137.

第四章
意会认知在科学创造中的作用

　　意会认知是就西方哲学中的实证化、逻辑化、形式化等认识论的相关原则而言的,力图恢复被传统认识论抹杀的人的认识中主体的成分与无法言传和非实证因素,它们通常以主体对事物的内在感受、直觉、想象、灵感、顿悟等方式表现出来。波兰尼说,人们所知的远比所能说的和能够证明的多得多。人试图通过用客观性与概念的语言去表达所知的一切东西,虽然能够得到部分准确性和确定性,但是还不够,言传知识有时会限制甚至遮蔽人对世界的整体把握。相对于能够用言传方式表达的认识来说,那些"只可意会,不可言传"的意会因素在认识和改造世界的过程中更重要,甚至具有决定作用。波兰尼认为,在意会认知过程中个人参与因素实际主宰着言述和意会两类知识,尤其是在科学创造的过程中,主体因素是科学创造的首要因素。

　　本章在前面三章的基础上从科学认识论的角度,运用创造学相关理论,对科学创造过程中涉及的科学美、直觉思维、审美推理等意会因素进行详细阐述,并结合科学发现历史上的典型案例,对意会认知在科学创造中的内在过程与机制进行具体阐述。

第一节 科学创造过程

创造过程是创造学研究对象之一,它是创造主体十分复杂的智力和实践过程。创造学中的创造过程是指个体从开始创造到产品落实时的一段心智历程。创造过程主要包括创造课题的确立、创造性设想的产生、实施方案的选定、具体创造技法的运用、创造结果的产生等方面,如果根据现代创造活动的特点来讲,还应包括创造成果的保护。

一、 创造过程模式

人类的创造活动是个复杂的心理过程,是研究分析创造过程,以期获得创造过程的一般性模式。有关创造过程最显为人知的模式依次为创造过程H—P模式、阿达玛的验证和发展阶段、沃勒斯的四阶段说。

(一)H—P模式

1896年,著名德国生理学家赫尔姆霍兹(H. L. F. Helmholtz, 1821—1894)就提出了创造性工作的三个阶段:① 最初的努力,直到无法进展为止;② 停顿和徘徊;③ 突然的发现和意外的解决。后来法国数学家庞加莱(J. H. Poincaré,1854—1912)又加上了一个阶段,即再次有意识的努力时期。

(二)阿达玛的验证和发展阶段

法国数学家阿达玛(J. S. Hadamard)进一步验证了以上四个阶段模式并给出四个阶段的初步命名。但更为有意义的是,阿达玛不仅用自己的切身体验进一步印证"H—P模式",他还尤其热心于探讨创造性思维的问题。以"H—P模式"为基础,阿达玛还尽可能利用心理学家的工作及其方法,更深

101

入地研究了"数学领域中的发明心理学",并且出版了以此命名的研究专著。

(三) 沃勒斯的四阶段说

吸收科学家经验总结,并明确阐述创造过程分阶段模式理论的专门研究,最具代表性的是 19 世纪末 20 世纪初英国心理学家 G. 沃勒斯(G. Wallas)的工作。1926 年,英国心理学家沃勒斯在《思考的艺术》一书中提出了创造过程的"四阶段模式",他认为无论是科学的或是艺术的创造过程,一般都必须经过准备期、酝酿期、明朗期和验证期。[①]

(1) 准备阶段。从事创造活动,必须有一定的准备阶段,其中包括发现问题、分析问题、归纳问题工作,包含广泛调研、搜集资料、整理事实、补充积累知识、扩充技术储备、创设必需工具和条件等等。创造者在创造之前,需要对前人的相关研究有所了解,对前人已把问题解决到何种程度、哪些问题已经解决、哪些问题尚未解决等作深入的分析,哪些结论存有疑点、哪些装置不能尽如人意……这样既可以避免重复前人的劳动,还可以使自己站在新的起点从事创造工作。从前人的经验中,不仅能获得知识,还能获得启示。

准备工作具体包括我们不仅要对自己的主修学科有透彻的了解,对相关学科、跨学科的知识也要汲取方法。资料、经验应作深入的整理分析,无效的观念应予以抛弃,对问题作多角度、多思路、多力一法的准备。到某种程度时,创造者在解决问题斟酌过程中会遭受种种挫折,苦思不解,这时可将问题搁置一旁,暂时忘记准备期是提出创造、创作发明对象的阶段。这一阶段在思维方法上既有逻辑思维的分析和推理,也有形象思维的联想,还有灵感思维和直觉思维的参与。

(2) 酝酿阶段。这一阶段是对上一个阶段所收集到的资料经过深入的探索和思考,难以产生有价值的想法,可以暂不再做意识上的努力,把问题暂时搁置一边,不妨让头脑彻底休息,或出门度假,或找一本有利于修身养

---

① 刘仲林. 中国创造学概论[M]. 天津:天津人民出版社,2001:182.

性的"闲书"来阅读。心理学家告诫创造者：一味苦读、目不转睛、马不停蹄的疲劳战对创造有弊无利。创造需要冥思苦想，同时需要把握节奏。这正好印证了一些大科学家为何都热衷于某项业余爱好，如爱因斯坦专长小提琴、普朗克擅长钢琴、苏步青长于写诗、钱伟长喜爱围棋等等，他们往往在琴棋书画中度过酝酿期。华莱士认为，可以将前一个问题搁置变换一个其他的问题，然后有意地半途予以搁置，再换第三甚至第四个问题。这种交替工作，很可能同时得到几个结果，使孕育阶段得到充分利用。创造的孕育阶段的时间难以确定，可能较短，也可能延续多年。表面上看，创造者不再有意识地去思考问题而转向其他方面，实际上创造者的潜意识或前意识仍围绕这个问题工作。

酝酿期的存在说明创造过程是有节奏的过程，波澜起伏随时都有可能发生。创造者在经历短暂的"冬眠"之后，一旦内外条件成熟，"灵光"随之闪现！

（3）豁朗阶段。豁朗阶段也称明朗阶段、顿悟阶段。一个百思不得其解的问题被创造者搁置一段时间之后，某个时刻，创造性的新观念可能突然喷薄而出，随之，进入"豁然开朗"的境地，心理学家将其称为灵感、直觉或顿悟。事实上，灵感或顿悟并非一时心血来潮的偶然所得，而是在前个阶段充分准备与长期孕育的结果。豁朗期亦称灵感阶段。个体经过充分的酝酿之后，由于思维者对问题的考虑是多方面的、周密的甚至是较长时间的，因此会迸发出灵感，使问题突然得到解决。它是创造性思维最富有智慧的高潮阶段。

（4）验证阶段。在豁朗阶段所获得的灵感是否可靠有待于进一步的验证。新的观点需要通过逻辑分析和论证以检验其正确性，还需要通过审美、逻辑、实验等方面的检验。在验证阶段，既可能出现对新观点的确证，也常常出现对新观点的证伪。如果出现后者的话，则创造过程往往需要重新开始。在此阶段，逻辑思维和各种非逻辑思维交融在一起。

尽管沃勒斯把创造过程作出了如此明确的四阶段划分，但我们对四阶段说不应过分的执迷，把一切创造都一成不变地纳入到四阶段的框架中，强调顺序的不可逾越。事实上四阶段之间并非绝对隔离,比如即使在准备阶段,也有可能制定出某种解决问题的方案,而不必非要等到进入酝酿阶段;四阶段之间的顺序也非一成不变,有时还可能有所重叠地进行;等等。换言之,所谓经验模式,只能是作为一种可资借鉴的运演方式对他人具有启发作用,而并非是必须严格遵循的刻板公式。这一点,正是从沃勒斯开始,到后来所有关于创造过程模式的研究者同样都予以强调的。

沃勒斯总结的"四阶段说",尤其适用于科学技术创造,沃勒斯的创造过程四阶段理论中的准备阶段与验证阶段大体上来说属于抽象思维占主导的阶段,而后面两个阶段(孕育阶段与明朗阶段)则是以意象思维为主。沃勒斯"四阶段说"的最大特点是抽象和意会思维的综合运用,而不是片面强调某一种思维,亦即重视言传知识的同时也强调意会认识的突破性作用,这是创造性思维赖以发生的关键所在。这一理论对于人们理解意会认知在科学创造中的作用具有重要的指导意义。

二、 创造性思维的互补结构

创造性思维是思维的高级综合活动,是创造者在已有的知识和经验的基础上,从某些事实中寻求新关系、找出新答案、创造出新成果的思维过程。[①]创造性思维产生于创造过程中,从一定意义上讲,创造过程实质上是创造性的思维过程。"其实绝大多数学者都是从心理机制上将创造性思维寓于思维活动过程中予以考察,以至于当人们一说到创造过程,所指的也就是立足于创造主体这个微观视角的思维活动过程。换句话说,创造过程与创造性思维一定程度上乃是同义的。事实上,离开了创造过程,也无从谈起创造性思维,反之也是一样。"[②]

按照沃勒斯对创造过程的四阶段的划分,即准备期、酝酿期、豁朗期、验证期,与之相对应的创造思维从逻辑学角度可以分为逻辑思维和非逻辑思

---

① 刘仲林.中国创造学概论[M].天津:天津人民出版社,2001:189.
② 傅世侠,罗玲玲.科学创造方法论[M].北京:中国经济出版社,2000:256.

维。逻辑思维对应创造过程中的准备期和验证期,前者需要创造者收集丰富的事实资料,并且在掌握文献资料的基础上对已有的研究成果进行分析和总结,这时应利用常规的逻辑思维形式(概念、判断和推理等方式)进行筛选;同样对于新观念的检验也需要借助逻辑思维形式才能进行。创作过程中的酝酿期和豁朗期,是创造者进行创造的中间阶段,这时期的工作主要依靠创造者主体的内心活动,或苦思冥想,或气定神闲,时而紧张,时而松弛,直至突然顿悟,无需语言等形式的参与,非逻辑思维是创造者主要的思维形式。所以说:"人的创造过程正是逻辑与非逻辑两种思维形式分别适当利用的最成熟的表现。而且,在整个过程中,它们是缺一不可、协作无补的关系。"①值得一提的是,四个阶段中的逻辑与非逻辑思维形式之间并没有明显的界限,在准备期和验证期也有非逻辑思维的存在,同样,中间两个阶段也存在着逻辑思维的形式,只是相比较而言,逻辑思维形式和非逻辑思维形式分别在对应阶段起主导性的作用。

在创造性思维形式中,逻辑思维形式的界定是比较清晰的,即借助于语言或者言语的方式表达的思维方式,逻辑思维形式又被称为言语思维。而非逻辑思维形式主要是指言语思维形式以外的与思维相关的内心活动,比如"想象""直觉""顿悟"等。其实,把创造思维划分为逻辑和非逻辑思维形式只是从逻辑学的角度对思维形式进行笼统的区分方法,主要是因为学界对逻辑思维形式以外的思维形式的划分有不同的意见。

关于"思维形式"与"心理状态"的区别和联系问题,傅世侠和罗玲玲在《科学创造方法论》一书中指出:思维形式即指逻辑或非逻辑思维;而所谓心理状态,指的则是关于意识与无意识的心理动力机制问题。它们实属两种既有联系又有区别的概念,而不宜相互混淆。具体说,"意识心理"与"逻辑思维"、"无意识心理"与"非逻辑思维",虽各有密切关联,但并非彼此对等或可相互置换的概念。例如,在运用逻辑思维时,尽管必须有意识心理的努力,以至于有时也可称逻辑思维为"意识思维";但有的非逻辑思维,如联想

---

① 刘仲林.中国创造学概论[M].天津:天津人民出版社,2001:209.

和想象,当其是随意或有意(voluntary)联想或想象时,同样也需要在意识心理作用下进行。从这个意义上说,我们则不可简单地将"意识心理"等同于"逻辑思维";同时,也不可将"非逻辑思维"简单地等同于"无意识心理"。换言之,在意识心理驱动下,既可能是逻辑思维,也可能是非逻辑思维;而有的非逻辑思维如直觉,则为无意识心理所驱动。

传统逻辑学的贡献就在于它依据人类的言语特征,将其所表达的意识心理驱动下的逻辑思维规律给予了充分揭示,但它没有,也无必要揭示以非言语形式表达的非逻辑思维的规律性。非逻辑思维的规律性已属于心理学的研究范围。心理学则不仅要关注意识思维,还必须关注为意识或无意识驱动的非逻辑思维的研究,足见其中的复杂关系。目前有些论著往往混同使用这些概念,故予以辨析和澄清。①

的确,逻辑学和心理学与思维科学的联系最为密切,但是仅仅从这两方面研究还不够全面,同时应该从多方面关注与创造性思维相关的学科的发展,重视关于直觉、想象和灵感等内容的研究成果应用,如钱学森从思维科学的角度把灵感思维作为除形象思维和抽象思维形式之外的第三种普遍存在的思维形式,并认为创造思维中的灵感是一种不同于形象思维和抽象思维的思维形式;刘仲林教授从 20 世纪 70 年代起,一直致力于对非逻辑思维方式的研究探索,他认为,"相对于形式逻辑而言,非逻辑形式由想象、直觉、灵感等组成的'非形式逻辑'思维,由于长期只注重个别现象的孤立研究,缺乏逻辑整合和升华,因而给人的印象是程序不清、步骤飘忽,甚至名称也有形象思维、意象思维、直觉思维、直感思维、灵感思维等多种叫法,更使人感到如散沙一片,难以把握。所以,当前创造思维研究的突破口,不是已成熟的'形式逻辑'思维,而是尚尤序的'非形式逻辑'思维,亦即直觉(意象)思维。换言之,是一种与形式逻辑不同的新的逻辑方法探索。……这一新的逻辑方法称为审美逻辑"②。

---

① 傅世侠,罗玲玲.科学创造方法论[M].北京:中国经济出版社,2000:283.
② 刘仲林.中国创造学概论[M].天津:天津人民出版社,2000:299.

　　审美逻辑是基于逻辑学的视野来拓展意象思维的结果。众所周知,概念思维是传统逻辑学的研究对象,意象思维是传统美学研究对象。从一定意义上讲,意象思维等同于直觉思维,只是两者的认识角度有所区别。形式逻辑以概念、判断、推理为基本的出发点,由此起点出发推演出整个体系,而意象思维以想象、直觉为其核心概念的逻辑形式。审美逻辑则是对两者的综合,它着眼于认识发生的机制,是以意象思维形式及规律为研究对象的逻辑形式。对审美逻辑而言,其起点不是概念,而是想象与直觉,以及在此基础上形成的审美判断、审美推理,其构成了审美逻辑的主线。而审美推理是审美逻辑的核心问题。由此,创造性思维的内容有了突破,突破传统思维仅仅局限于逻辑思维的格局。创造学认为创造性思维中包括两种逻辑形式——审美逻辑和形式逻辑,它们对应着人类的两种认识方式。在实际的创造性思维过程中,两种逻辑不是截然分开、彼此孤立的,图4.1所示图示形象地说明了这个问题。①

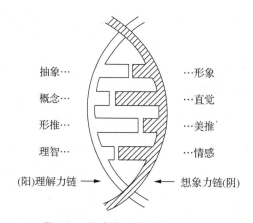

图 4.1　创造性思维的互补模型

　　如图4.1,理解力和想象力组成思维运动中的两股链条,思维是人的想象力和理解力的辩证运动,但在具体的思维活动中,它们有主次之分,注意力所集中的链条,是主导链条。主导链条决定了思维的性质,当主导链条是

① 刘仲林.中国创造学概论[M].天津:天津人民出版社,2000:311.

理解力链时,我们就认为是一种概念思维;反之,我们认为是一种直觉(或意象)思维。一个探索性、创造性的完整认识过程,总会发生多次主导中心的转移,注意力由一个链移向另一个链,而每转移一次,人的思维就开拓出一个新的境界。这样,否定又否定,形成认识的螺旋式上升。所谓概念思维,就是理解力链占主导的思维活动,它的判断以概念为基础,主要推理方法是归纳法和演绎法,相对应的是形式逻辑;所谓意象思维,是想象力占主导地位的思维,它的判断以直觉为基础,主要推理方法是臻美法和类比法,相对应的是审美逻辑。

科学创造过程,包括复杂的心理活动,是创造心理学研究的对象。科学创造性思维不是一种思维的简单运转,而是科学概念思维、意象思维和直觉思维的综合。在科学创造过程中,一方面要依靠概念思维对研究对象进行分析、综合、归纳、演绎;另一方面又要通过意象思维的方式对概念思维形成的概念和理论进行筛选和串接,一旦达到统一,就进入直觉思维集中活跃的阶段。概念、意象、直觉、灵感交互作用,形成科学创造性思维特有的规律。

继沃勒斯的"四阶段说"之后,近些年,国外又有许多更为详细的划分,基本上是这一划分的发展和演变。以英国生物学家贝弗里奇(W. I. B. Beveridge,1908—2006)在论述科学研究过程中直觉产生的法则时,提出了创造过程的 4 个 C 理论即收集情报(collection of information)、深入思考(contemplate)、形成概念(conception)和评价新想法(critism of the new idea)。①

(1)收集情报阶段:注意收集跟研究问题相关的资料,可以通过查阅文献、观察实验数据以及调查询问等方式获得第一手的资料,总之,要时刻与问题保持亲密的关系。贝弗里奇认为:"同问题保持密切的亲身接触,经常会导致人们观察到那些在其他情况下可能被忽略的细节,并且这样做也会激发起人们对于问题产生一种下意识的熟悉的感觉,得到一种难以用客观

---

① W I B 贝弗里奇. 发现的种子——《科学研究的艺术》续篇[M]. 金吾伦,李亚东,译. 北京:科学出版社,1987:8.

的言语记录的领悟。"①所以,这一阶段的主要任务是确定研究的方向和目的。

(2) 深入思考阶段:这一阶段的主要工作是分析、消化、吸引已收集的资料和事实,从各种可能的角度进行细致的研究。分析已有情报时应注意三个方面:一是要打破原有知识体系的束缚,多角度考虑问题;二是要养成逆向思考问题的习惯;三是要积极热情地投入到解决问题中去。贝弗里奇指出这是"创造性思维需要的是实际的应用和积极的态度"②。他还认为,在这一阶段要加强科研的交流,"对话可以刺激头脑,使思想摆脱沿着同一习惯和同一记忆痕迹发展"③。对研究问题的深入思考会使研究者进入一种痴迷状态,从而为进入下一个阶段做好了准备。

(3) 形成概念阶段:在前两个阶段的基础上,研究可能会出现两种情形,一种情形是研究者会突然洞悉或者冒出启发性的思想火花,使得研究能够顺利进行下去;另一种情形是研究者中断正在进行的研究,从事一些轻松、表面看起来和研究没有什么关系的休闲活动,诸如看书、听音乐会、散步等,一个新的答案可能会在不经意间浮现。在后一种情形中,研究者尤其能够体会直觉带来的激动和快乐。贝弗里奇借用英国诗人梅斯菲尔德(John Masefield)的诗句详细地描述了这种感觉的奇妙之处:

> ……当你发现,
> 再也没有道路,没有踪迹,
> 到处是一片灰暗,
> 那前进的道路,
> 就会在你头脑中隐现。

---

① W I B贝弗里奇.发现的种子——《科学研究的艺术》续篇[M].金吾伦,李亚东,译.北京:科学出版社,1987:9.
② W I B贝弗里奇.发现的种子——《科学研究的艺术》续篇[M].金吾伦,李亚东,译.北京:科学出版社,1987:10.
③ W I B贝弗里奇.发现的种子——《科学研究的艺术》续篇[M].金吾伦,李亚东,译.北京:科学出版社,1987:11.

"直觉最显著的特点是你无法用有意的思想训练得到它们,它们似乎是自发产生的。显然,它们是在潜意识的头脑萌发的。它们带来了激动和快乐。"①科学研究中有很多例子,一刹那间的发现给研究者带来无与伦比的激情创造体验,这正是科学研究的魅力所在。

评价新想法阶段:头脑中的想法一旦成型,就必须接受科学团体的批判性的检验,以确定其是否正确。与沃勒斯的验证阶段一样,人们往往会发现自己的劳动成果无法通过理论或实践的验证。这时需要以一种辩证的观点看待问题,找出问题的症结所在,改善、修正原有观点,而不应一经否证就立即抛弃新思想。即使经过多次尝试仍然存在问题,至少可以从这种新思想中进一步导出一种有益的思考路线、一种解决问题的新方法。科学成果基本上都是在经历过多次失败之后获得成功的。

贝弗里奇从科学研究的顺序方面描述了创造的过程,突出了想象和直觉在科学发现中的重要作用,其理论与沃勒斯的"四阶段说"相比较更具有实际操作性的特点。通过以上的分析可以看出,研究者在新发现的过程中,包含着想象力和直觉的高度发挥,一个新的原理产生出来,这是科学中创造性的顶点。

第二节 科学创造中的意会认知因素及其作用

前面一部分从科学认识论的角度分析了创造性思维过程的内涵和结构,通过分析确立了科学研究中意会因素的存在,从思维方式上提出了不同于以往的思维类型——直觉思维(审美逻辑)。在具体论述意会认知对科学

---

① WIB贝弗里奇.发现的种子——《科学研究的艺术》续篇[M].金吾伦,李亚东,译.北京:科学出版社,1987:12.

创造的作用之前,笔者就意会认知中相关的概念与科学研究的关系做了梳理。

一、科学美与科学创造

科学创造过程中存在审美活动,这一点已被许多科学家所承认。1542年出版的哥白尼的伟大著作《天体运行论》开篇就说:"在哺育人的天赋才智的多种多样的科学和艺术中,我认为首先应该用全副精力来研究那种与最美的事物相关的东西。"可见,哥白尼是非常欣赏科学中蕴含的美;"科学美"是自然科学家经常谈论的话题之一。杨振宁认为,科学中是存在美的。在科学家身上,存在着美的渴求,这种渴求是被他们的科学创造以及对大自然的体验所唤醒的。杨振宁认为:"我们知道自然是有序的,我们渴望去理解这种秩序,因为过去已经告诉我们:我们越是研究下去,越能理解物理学广阔的新天地,它们是美的,有力量的。"[①]作为物理学家的爱因斯坦,也具备深刻的科学美学思想,他认为科学的真正动因是对自然界永恒和谐美的热爱和追求。爱因斯坦曾称赞玻尔所提出的原子中的电子壳层模型及其定律是"科学领域中最高的音乐神韵",曾惊叹迈克尔逊—莫雷实验"所使用方法的精湛"和"实验本身的优美"。爱因斯坦的相对论则被不少科学家誉为物理学中最美的一个理论。海森堡、狄克拉等近代伟大的科学家都对科学美情有独钟。对科学创造史稍作考察便可以发现,科学美的历史源远流长。古希腊时期的毕达哥拉斯学派就追求数的和谐与美;中国古代的庄子就提出"圣人者,原天地之美而达万物之理"的见解;欧几里德几何学表现出美的对称性,哥白尼、开普勒继承毕达哥拉斯学派的传统,借助宇宙和谐之美探讨天体运行的规律。牛顿从统一性的美学角度完成了对古典力学的理论建构,法拉第完成"简单而又美丽"的电磁理论,麦克斯韦是一位擅长数学并且喜欢诗歌的物理学家,爱因斯坦更对科学美带有宗教情感……虔诚追求科

---

① 高策.科学美的概念不是固定不变的——杨振宁论科学美的本质[J].科学学研究,1993(3).

学美的当属法国数学家彭加勒,彭加勒在《科学与方法》一书中集中论述了科学美,内容丰富而深邃,令人耳目一新。彭加勒定义"科学美"的同时,把它与科学创造的过程和方法联系起来,深化了人们对科学美的认识。①

那么科学美的本质含义是什么呢? 彭加勒赋予科学美以雅致、和谐、对称、平衡、秩序、统一、简单性、对照、适应、奇异、思维经济等涵义;爱因斯坦的"逻辑的简单性"原则本质上是一条科学美学原则;杨振宁认为"科学美是和谐、优雅、一致、简单、整齐"等等。科学家对科学美的定义不尽相同。总体看来,科学美以真为基础,体现了自然界的简单、对称、和谐的自然律。科学美来源于自然美,是真与美的统一。刘仲林教授在总结前人研究的基础上,创造性地提出科学美的定义:"所谓科学美,通常以科学理论的和谐、简单、新奇为重要标志。为了突出科学美的特点,科学家们通常用'雅致'一词来表达。"②

科学创造过程按照贝弗里奇的分析可以分为四个阶段:收集情报阶段—深入思考阶段—形成概念阶段—评价阶段。科学美对科学创造的作用可以从四个方面来分析:(1) 科学研究起始阶段;(2) 实验阶段;(3) 概念形成阶段;(4) 建立科学理论阶段。

美的追求是科学研究的动机之一。对科学来说,科学审美具有比人们预想的还要大的功能。从外部讲,科学美是科学家从事科学探索的强大动机和动力,也是联结科学文化和人文文化的纽带或沟通二者的桥梁。从内部(科学理论本身)讲,科学审美是推动科学进展的必不可少的力量——科学发明的突破口和科学理论评价的试金石。③ 在人类各种形式的创造实践中,对美的追求是一个重要动机。爱因斯坦认为,人类从事科学探索的动机有三类:"第一种人爱好科学是因为科学研究给他们超乎常人的智力之上的快感,科学是他们自己的特殊的娱乐,他们在这种娱乐中寻找生动活泼的经验和雄心壮志的满足。第二种人是为了纯功利的目的。第三种人思想比较

---

① 刘仲林. 论科学美的本质[J]. 天津社会科学,1984(4).
② 刘仲林. 中国创造学概论[M]. 天津:天津人民出版社, 2001:285.
③ 李醒民. 论科学审美的功能[J]. 自然辩证法通讯,2006(1).

复杂而且特别,从消极的方面说,他们似乎是为了科学的殿堂里避开私欲和尘世的喧嚣,进入一种客观知觉和思维的世界;从积极的方面说,他们出于一种征服、描绘未知世界的好奇心。"①科学家把科学美作为科学探索的动机在科学研究领域是非常普遍的事情。"人们总想以最适当的方式来画出一幅简化的和易领悟的世界图像,于是他就试图用他的这种世界体系(cosmos)来代替经验的世界,并来征服它。这就是画家、诗人、思辨哲学家和自然科学家所做的,他们都按自己的方式去做。"②1918 年 4 月 23 日,在德国著名物理学家普朗克 60 岁的生日纪念会上,爱因斯坦作了关于探索的动机的著名演讲。谈到科学家科学探索的起始动机问题时,爱因斯坦说,科学研究的目的是追求客观,描述自然现象,揭示其内在的规律。科学的美感是世界体系的和谐,揭示这种和谐是科学家无穷的毅力与耐心的源泉,科学的真正动因是对自然界永恒和谐的美的热爱和追求。科学美作为一种理性美的存在,已经为科学界所认同。物理学家海森堡在谈到科学美的推动作用时说:"我们可以开诚布公地说,在精密科学中,丝毫也不亚于在艺术中,它是启发和明晰的最重要源泉。"③法国物理学家彭加勒在《科学与方法》一书中也曾指出:"引导选择的规则是极其微妙的、不可捉摸的,要用精确的语言表述它们实际上是不可能的;与其说必须系统地阐述它们,倒不如说必须感觉它们。"彭加勒把科学美作为选择理论的一个标准和科学发现的奇妙工具。他说,在潜在的自我盲目形成的组合之中,几乎所有的都毫无兴趣、毫无用处;正由于这样,它们对美感毫无影响,意识将永远不了解它们。只有某些组合是和谐的,因而同时也是有用的和美的。它们将激起科学家的特殊感觉,特殊感觉一旦被唤起,就能把我们的注意力引向它们,从而为它们变为有意识的提供机会。他开门见山地申明:"科学家研究自然,并非因为它有用处;他研究它,是因为他喜欢它,他之所以喜欢它,是因为它是美的。如果自然不

① 爱因斯坦. 爱因斯坦文集[M]. 许良英,范岱年,等编译. 北京:商务印书馆,1977:101.

② 爱因斯坦. 爱因斯坦文集[M]. 许良英,范岱年,等编译. 北京:商务印书馆,1977:101.

③ 刘仲林. 科学中的"美"和"真"——对科学美质疑者的回答[J]. 天津师范大学学报(社会科学版),1982(6).

美，它就不值得了解；如果自然不值得了解，生命也就不值得活着。"①在此意义上，对美追求成为科学家从事科学研究的重要动机。

科学美为什么会成为科学家不断追求科学研究的动力呢？作为19世纪和20世纪之交数学领袖的彭加勒以数学为对象，对这个问题做了精辟的说明。他说，数学创造并不在于在各种要素中做任意的组合，这样的组合无限多，一个人一生也做不完。数学创造在于做"有用的、为数极少的组合"，而"有用的组合恰恰是最美的组合，是最能使特殊的审美感着迷的组合"。"发明就是辨别、选择"。在有意识的自我驱动了无意识的自我之后，无意识的自我或阈下的自我往往能把距离遥远的元素组合在一起，并被审美感捕获，从而在数学创造中起到突破作用。② 在彭加勒看来，科学美源于创造者的一种情感追求，即简单、和谐、雅致，"科学家的这种特殊情感，这种情感一旦被唤起，便会把我们的注意力引向它们，从而为它们提供变为有意识的机会"③。

科学研究中以追求科学美为契机的创造活动在科学领域中俯拾皆是，如生物学中DNA双螺旋结构的发现。1952年的秋天，沃森在剑桥大学首次遇见了克里克。他们两人一拍即合，相见恨晚，立即开始合作，决心搞清楚什么是DNA。1953年初，沃森和克里克受到伦敦国王学院科学家成果的启发，沃森回忆说："突然间，我脉搏加快，思如泉涌，眼前出现了一幅画面：DNA的结构要比许多人想象的简单许多，它应该是螺旋形的。""我的手指冻得没法写字，只好蜷缩在炉火边，胡思乱想，想到一些DNA链式怎样美妙地蜷缩起来，而且可能是以很科学的方式排列起来。"又有一次，他说："我在户外欣赏番红花，至少还能希望出现一种美妙的基本排列。""有时，在刹那之间，我会发生恐惧，生怕这种想法太巧妙，可能有错误。"当初模型似乎有不符合事实的地方，两个发现者"互相告慰说，如此美妙的结构一定存在"。等到DNA结构成型以后，其他科学家对他们的模型则表示："一看到模型就

① 昂利·彭加勒.科学与方法[M].李醒民，译.沈阳：辽宁教育出版社，2001：7-8.
② 李醒民.论科学审美的功能[J].自然辩证法通讯，2006(1)
③ 彭加勒.数学创造[J].李醒民，译.世界科学，1986(3).

喜欢它。"DNA 螺旋结构模型体现了科学意义上的美和真的统一,开创了分子生物学的新篇章。① 强烈的审美意识成为沃森和克里克科学探索最根本的动力,寻找完美 DNA 螺旋结构的动力也是由追求更简单和谐体系的美学意识所提供的。DNA 螺旋结构显得如此简单、和谐、优美。

科学美在科学实践阶段具有方法论的功效。科学的美感是科学家在长期的科学实践过程中形成的一种对认识对象特有的欣赏力、感受力、鉴别力、认识能力。科学美具有预见功能,能导向延伸未知领域,例如,门捷列夫的元素周期表。在他以前,已有三素组、八音律等理论,它们都有其优点,但共同的缺点是拘泥于已有的元素发现,或者说拘泥于用简单的归纳法整理。门捷列夫的独到之处在于把体系的协调放在首位,并不受当时发现元素的数量局限。他曾利用玩纸牌的方法,制作了"元素卡片",反复拼排组合,寻求简谐的元素周期表,甚至在梦中也在进行。在门捷列夫之后,科学家运用补美法进行探索,在美妙的元素周期表中留有不美空缺的地方,留缺,发现了其他对应的元素,这是科学美的方法论功能的体现。

与此同时,科学家对美的不同感受及对不同领域美的灵敏度,也决定了科学家的研究领域和风格。科学发现并不是事实的简单罗列,科学家必须在无数的组合之间寻找出最具创造性的组合,它需要科学家身心完全地投入到问题的研究中。贝弗里奇说,一个人进入到几乎着迷状态的时候,他就具有了准备(发现)的头脑。②在设计科学实验的时候以及在实验的实施过程中,审美对启发科学家的设计灵感具有意想不到的建构与反馈作用。科学家可以在实验的全过程中感受到准确有序带来的韵律感和节奏感,在实验设计和实施中,科学家自觉或不自觉地按照美的规律进行创造,他们的科学美感也必然会渗入到科学实验的设计和实施过程中。③ 发明就是选择。这

---

① 刘仲林.中国创造学概论[M].天津:天津人民出版社,2001:289-290.

② WIB贝弗里奇.发现的种子——《科学研究的艺术》续篇[M].金吾伦,李亚东,译.北京:科学出版社,1987:12.

③ 李丽莉.美与科学创造——论科学创造中审美的作用[J].广西社会科学,2007(7).

种选择不可避免地由科学上的美感所支配。① 科学家之所以会选择出最有用的组合,依据在于科学家自身对研究对象的意识,其中就包括对美的判断。

彭加勒曾详细表述了他的发现过程:"我曾用了十五天时间力图证明不可能存在任何类似于我后来称之为富克斯函数的函数。我当时一无所知;我每天独自一人坐在我的办公桌前,待一两个小时,尝试了大量的组合,什么结果也没有得到。一天晚上,我违反了我的习惯,饮用了黑咖啡,久久不能入睡。各种想法纷至沓来,我感到它们相互冲突,直到成功地结合起来,也就是说,造成了稳定的组合。到第二天早晨,我已确立了一类富克斯函数的存在,它们来源超几何级数;我只能写出结果,仅花费了几个小时。接着,我想用两个级数之商把这些函数表示出来,这种想法完全是有意识的和深思熟虑的,与椭圆函数类比指导着我。我问我自己,如果这些级数存在,它必须具有什么性质,我毫不费力地获得了成功,形成所谓的富克斯级数。"② 因此,科学美引导科学家按照美的原则来筛选、组合材料,有助于科学家获得意想不到的成功。

科学研究的检验总体以逻辑判断为主,但是并不排斥审美判断。例如,爱因斯坦在评价数学家 E. 诺德优美的代数方法时指出:"按照这种方法,纯粹数学就是一首逻辑概念的诗篇。……在努力达到这种逻辑美的过程中,你会发现精神的法则对于更深入地了解自然规律是必须的。"③科学美之所以引起科学家的强烈兴趣,一方面是由于美引导科学发现规律,另外一个方面在于美感常常首先出现在人们的感觉和意识中,它先于实践检验出现在人们对理论结果的评价中。正如前苏联科学家米格达尔指出的:"美的概念在核对结果和发现新规律中被证明是非常宝贵的。"著名物理学家海森堡指出:"美对于发现真的意义在一切时代都得到承认和重视,拉丁格言'简单是

---

① 刘仲林.科学臻美方法[M].北京:科学出版社,2002:20.
② 彭加勒.数学创造[J].李醒民,译.世界科学,1986(3).
③ 刘仲林.科学中的"美"和"真"——对科学美质疑者的回答[J].天津师范大学学报(社会科学版),1982(6).

真的印记'以大字刻在哥廷根大学的物理学报告厅里,作为对于那些将发现新事物的人们的一种告诫。另一句拉丁格言'美是真理的光辉'其含义也可以解释为,探索最初是借助于这种光辉,借助于它的照耀来认识真理的。"①自然界以简单和谐为美,以自然界为认识对象的科学研究,自然离不开自然美的引导。简言之,当一个科学理论以简单和谐之美呈现在人们面前时,它极有可能为"真"科学。反之,一个正确的立论,首先就是以美的方式呈现在世人面前。

爱因斯坦的相对论理论之所以被人们广泛接受,与其说是因为它正确,倒不如说是因为它展现了一种伟大的美。爱因斯坦的广义相对论超出一般科学检验的条件,人们无法认识四维空间的思维,因此它的正确与否无法用现有的科学手段进行检验。至今只有为数不多的几个实验事实——光线偏折、水星近日点的运动、谱线红移,可以对广义相对论的正确性做出判定。但这并不影响广义相对论以数学形式表现美,这种美能够被直觉把握。英国科学家狄拉克评价说:"爱因斯坦引进的新的空间思想是非常激动人心的,非常优美的,不论将来我们会面临什么情况,这些思想一定会永垂不朽。我认为,信仰这个理论的真正理由就在于这个理论本质上的美。这种美必然统治着物理学的整个未来,即使将来出现了与实验不一致的地方,它也是破坏不了的。"②

现在,越来越多的科学家提出并探讨了科学真理的美学标准问题。科学创造的美学标准与科学活动中的逻辑标准和经验标准一样成为检验真理标准的一个维度,这样,美学标准就与逻辑标准、经验标准(实践标准)一起,参与了对科学真理的检验,使得科学真理中的真与美这两个方面更紧密地结合起来。

以上基于贝弗里奇对科学研究阶段的划分,总结了科学审美在科学研

---

① 刘仲林.科学中的"美"和"真"——对科学美质疑者的回答[J].天津师范大学学报(社会科学版),1982(6).

② 李丽莉.美与科学创造——论科学创造中审美的作用[J].广西社会科学,2007(7).

究过程中的内在机制和方法论意义。科学美实质上是基于人的认识,它是人类情感的一部分,科学审美作为一种非逻辑的方法,起着逻辑思维无法替代的作用。科学美作用体现在科学创造全过程中,科学家应自觉遵循审美的原则,按照自然界存在的美的规律来建构科学理论,以此提高科学创新能力,获得更多的重要理论发现,取得更大的成就。

二、 直觉思维对科学创造的影响

科学创造过程与直觉思维密切相关。对于直觉、想象的研究由来已久,西方哲学家从亚里士多德到笛卡尔、洛克、柏格森等哲学家以及科学家从欧几里德、阿基米德到牛顿、彭加勒、爱因斯坦等都有对直觉等意会因素有所论及,但是西方哲学界和科学界还没有对其引起特别的关注和讨论。中国古代虽无"直觉""想象"一说,但直觉思维确实是最丰富的。在意象思维方式占主导的中国传统哲学中则处处以想象、直觉、顿悟等意会认知的方式显现。下面将从科学认识论的角度就直觉、想象、灵感等概念和本质关系进行阐释。

科学研究是一个逻辑过程,但创造性思维的闪现,需要想象、直觉和灵感。有学者研究认为,一个富有创造力的人必须具有至少三种心理素质:想象、灵感和直觉。这些认知过程中的意会成分一直在参与人们的认知行为。直觉一直是心理学研究的对象,从认知心理学的角度看,直觉与逻辑分析的、有意识的认知加工相对应。人脑中并存着两种不同的信息加工系统,即意识加工与无意识加工,其中,无意识加工是一种基于技能与经验的自动化的、无需意志努力的加工。这些特征与直觉的特征非常相似,或者是一致的,从这个意义上说,直觉就是一种无意识的认知加工,是一种非理性的活动。"直觉是不经过逻辑的、有意识的推理而识别或了解事物的能力,是与逻辑分析的、有意识的思维相对立的一种思维方式或能力。"①现代新儒学的代表人物之一贺麟先生从认识论的角度提出直觉具备认识世界和反省内心

---

① 周治金,赵晓川,刘昌.直觉研究述评[J].心理科学进展,2005,13(6).

两个方面:"同一直觉方法可以向外观认,亦可以向内省察。直觉方法的一面,注重用理智的同情以观察外物……直觉方法的另一面,则注重向内反省体察……一方面是向内反省,一方面是向外透视。认识自己的本心或本性,则有资于反省式的直觉,认识外界的物理或物性,则有资于透视式的直觉。"①现代认知科学的研究进展表明,科学创造不只是心理学的问题,科学创造过程是心理与理性的认识统一。从科学认识论的视角加以研究,可以更清晰、更简捷地理解直觉、想象等概念。

直觉在认识事物中具有重要作用,但它没有抽象思维式渐进的步骤,而是直接闪现和把握真理。"当想象组合依次或突然地闪现在人的头脑时,在刹那间是来不及做完整的形式逻辑推理的,最初的取舍判断,很大程度上是一种直接的、迅速的感觉。换句话说,创造中的直觉,就是没有完整的传统逻辑过程相伴随而发生的对想象组合瞬时的、直接的选择(判断)。……直觉有两种:肯定型直觉和否定型直觉。不过科学家通常说的直觉,是肯定型直觉,即问题突然得到解决的感觉。其实,否定型的直觉也很重要。"②在科学研究过程中,直觉会以各种形式出现,对新思想的否定性猜测是产生下一个新想法的基础。因此,笛卡尔将直觉和演绎并列当作获得科学知识的两种根本方法,斯宾诺莎认为依靠直觉获得的知识是最可靠的知识,可见,直觉在科学创造中的重要地位。

简单来说,科学研究中的直觉是依据主体的审美判断直接领悟认识对象本质的一种思维能力和认识形式。直觉的最大特点在于它不受逻辑框架的约束,它具有跳跃性,直觉把握事物的根本,获得关于对象本质的直接认识,而无需逻辑思维的介入,这是直觉的本质特征。

想象是创造的源泉。创造自始至终都离不开想象。想象是人有意或无意的意识活动,由不同的构成成分,具体来说,"想象是由非自觉想象(如做梦、走神等)、自觉与非自觉兼有想象(如自由联想)、自觉想象(如再造想象、

①　于祺明.试论科学顿悟与思维方法[J].科学技术哲学研究,2004,21(6).
②　刘仲林.中国创造学概论[M].天津:天津人民出版社,2001:275.

组合想象等)三种类型的想象共同组成的,它们对创造思维都有不同程度的影响和作用。其中联想是由一事物想到另一事物的心理过程。例如,由大鸟联想到小鸟,由小鸟联想到飞机,由飞机联想到火箭。由此及彼,形成意象的运动,通过联'象'达到联'意',为进一步提升创造思维奠定基础,联想也是创造性想象的主要成员之一。"①在创造过程中,想象是非常重要的。对于科学研究中寻找最终结果都是依靠想象的作用,但是并非所有的想象都有意义,例如无意义想象(比如胡思乱想),并不构成思维的运动,同样缺乏科学创造的目的,同样仅仅只把大量想象成果毫无取舍地机械罗列,不进行取舍选择、判别,是没有任何科学意义的。爱因斯坦关于想象力有一段最经典的论述:"想象力比知识更重要,因为知识是有限的,而想象力概括着世界上的一切,推动着进步,并且是知识进化的源泉。严格地说,想象力是科学研究中的实在因素。"②的确,想象给科学家指出了如何运用直觉思维来发现过去的经验或者提出各种假说以形成新的知识。想象存在于不同的领域,波兰尼认为想象是科学认识产生的内在机制,成功和有创造性问题的答案必须依靠想象力和直觉。

灵感往往是在科学创造性活动中出现的。直觉是灵感高潮之后的必然结果。创造性思维则是想象和直觉的"组合"。"新东西来自先前未觉察到的旧材料的连接。创造就是重新组合。"诺贝尔奖获得者雅各布如是说。对于科学发现中想象、直觉的关系问题,波兰尼在 *Meaning* 一书中做了具体的表述,他说:"好像是思维的两种功能从研究的开始到结束一样。一种是想象的有意的活动能力,一种是我们称为直接的自发的整合过程。是直觉赋予解决问题过程中隐藏的现实以意义,并在整个探究过程中发出想象力。也是直觉构建我们在研究过程中的猜测,通过想象选择合适的材料,并将它

---

① 刘仲林. 中国创造学概论[M]. 天津:天津人民出版社,2001:274.

② 爱因斯坦. 爱因斯坦文集(第1卷)[M]. 许良英,范岱年,等编译. 北京:商务印书馆,1976:284.

120

们整合进问题的答案中。"①简言之,直觉发出和引导想象,而想象将线索联系到隐藏的连贯实体中,想象具有整合的作用,直觉和想象力在人类的思维活动中相互补足。直觉的能力越大,想象的空间就越大。

对于直觉和想象力在参与科研过程中的作用,波兰尼做了详细的分析:我们首先通过想象力产生的幻想来认识现实,但是我们怎么认识它不能被解释。尽管幻想是后来被指认的、熟悉的现实,但是资源怎么被整合是不可言说的。直觉的能力是自发的,在科学研究中,直觉占统治地位。正是直觉感觉到被隐藏的现实,发出和引导想象,整合通过想象寻找出来的线索,然后接受被领悟的现实,可是没有想象,直觉的工作是无成效的。因为整合的现实的发现,需要直觉和想象共同起作用,他们作为两种心理能力,相互区别,但不能分离。在科学研究中,波兰尼说:"首先,观念的出现是自觉给予的,是想象沉思的结果。第二,想象搜出一条可能的路线,被直觉感受引导。第三,观念直觉地为自己提供一种可能的结论,是想象力使它发生转变。"②一般来说,直觉、想象力的含义很广,并非一切直觉、想象力都会伴随新的发现。但在科学研究者看来,科学研究如果没有想象力,直觉的参与是不可思议的一件事情,因为在科学研究中,科学家的创造力来源于比别人更深入地看到事物本质的能力。

直觉思维作为一种心理现象,以直觉、想象、顿悟和灵感等方式贯穿于日常生活之中,也贯穿于科学研究之中。直觉思维是一种心理现象。

直觉思维提供科学创造的洞察力。作出开拓性的科学发现过程,依赖于科学家对无意识的偶然发现的某些线索具有某种预见的本性。科学创造的历史充满了意料之外的印记。科学家必须留意科学研究过程中出现的种种新迹象,这类迹象可能存在于反常、偶然出现又或者是经常出现的事件中,科学家必须注意这些新线索,认清其可能有的意义,并进一步地加以开

---

①　Polanyi M, Prosch H. Meaning[M]. Chicago：The University of Chicago Press, 1975：60.

②　Polanyi M, Prosch H. Meaning[M]. Chicago：The University of Chicago Press, 1975：96－97.

拓,这种才能就是科学的洞察力。洞察力是科学家敏感的直觉和想象以及适时的灵感综合,它是科学家经过长期的认识、实践活动积聚起来的奇特的创造性。

很多人对青霉素并不陌生,青霉素的发现开辟了现代医疗的革命。这一医药学上的重大发现完全是由一个偶然的机遇促成的。第一次世界大战结束后不久,亚历山大·弗莱明作为细菌学家,一直致力于抗菌物质的研究,弗莱明在他的实验室里杂乱无章地摆放了许多玻璃器皿,里面培养着各种菌种。他的习惯是,在初步研究过自己培养的细菌后,往往顺手把那些玻璃器皿随便地放置起来,过一段时间再打开来看看发生了变化没有。1928年9月15日的下午,弗莱明在实验室一边观察培养皿一边同一位同事闲聊。突然,他发现靠近窗边一个盖子没有盖好的葡萄球菌培养皿中出现了一种青色的霉菌,它使金黄色的葡萄球菌受了污染,变得半透明,最后完全裂解了。这种青色的霉菌是使人死命的葡萄球菌的克星!弗莱明立即在培养皿中刮出这种霉菌到显微镜下仔细观察,确定这种菌种就是青霉菌。这是从楼上一位研究青霉菌的学者的窗口飘落下来的。弗莱明对青霉菌继续观察,几天后发现青霉菌成了菌落,培养汤呈淡黄色,也有杀菌能力。于是,他推论,真正的杀菌物质一定是青霉菌生长过程中的代谢物,他称之为青霉素。[①]

对于这一现象,一般的细菌学家可能不会觉得有什么了不起,因为当时已经知道有些细菌会阻碍其他细菌的生长。可是这种不知名的青霉菌居然对葡萄球菌有如此强烈的抑制和裂解作用,要知道葡萄球菌是极其重要的人类致病细菌。因此,这一发现就非同寻常了。故事并没有就此结束。之后弗莱明和其他的同事试图再次发现"青霉素",但是却一次也没有成功,后来的研究表明,弗莱明观察到这种罕见的现象,似乎在正常的条件下是极难出现的,表面上由于一些偶然的因素,促成了弗莱明发现了青霉素的存在,但实际上,良好的科学研究素质促使弗莱明立刻意识到可能出现了某种了

① 王渝生.弗莱明:"偶然"发现青霉素[J].科技导报,2008(4).

不起的东西。科学研究中,与青霉素的发现历史相类似的事件还有宇宙微波背景辐射的发现。1965 年,彭齐亚斯和威尔逊在测量银河系某些部分发射出的微波强度时,却意外地发现了宇宙微波背景辐射,这一发现被称为是20 世纪最重要的科学发现之一。

　　机遇往往都是奖赏有准备的头脑,所谓准备既依赖于后天知识的累积,同时,它也表明作为突破手段的理论和逻辑的缺陷,只有那些具备机敏而富有想象力的人才能洞察到自然界的奥秘。一个伟大的发现可能开始于一个机遇性的观察,而科研活动中的洞察力则来自长期的有目标的积累形成的对研究对象特有的直觉和想象能力。

　　直觉思维启发科学创造。直觉思维在科学研究中最显著的作用就在于它对科学新发现的启发作用,很多科学新发现、新发明都是在依靠直觉思维中的想象、灵感和顿悟的方式实现的。科学家在辛苦钻研之后,关注于某一问题的研究,精神处于高度的紧张状态,百思不得其解,偶尔在某一时刻,在他所思考的问题之外的另一信息中受到启发,从而使问题得到了解决。这种启发,既包括由实物载体所载信息的启发,也包括由词语载体所载信息的启发,例如为大家所熟悉的,古代中国的名匠鲁班就是受割手的丝茅草的启发而发明了锯子,牛顿也是从苹果坠地找到了解决引力问题的线索等等。直觉通常是以顿悟的方式出现的,但是表现方式有所不同:在思考之后,一个可能的答案会在瞬间闪现,在思维没有中断的情况下,问题迎刃而解,这种情形被称为再认识直觉;而在创造性直觉中,科学家常常正被问题困惑,不得已要放弃正在思考的问题而从事其他和此类研究无关的活动,往往在这种时刻,灵感突然闪现,一个可能的答案立刻浮现于眼前。"直觉有两种常见的形式:一是再认性直觉,二是创造性直觉。再认性直觉是指过去的观念和思维套路在遇到适当条件被激活时,会很快形成解决问题的思维方式,从而直觉到问题的本质和症结。这种形式的直觉主要是依据已经形成的思维套路,由于将要解决的问题情境和条件同已经形成的思维套路有类似同一性,所以借助和重启已经形成的思维套路能很快地、直接地解决问题。……创造性直觉就是没有现成的思维套路和思维方式可借用,必须形成新的思维套路和思维方式才能解决问题。"①

对于直觉的启发作用，一个最典型的例子当属阿基米德发现浮力定理的过程。当阿基米德躺在澡盆里的时候，突然意识到，他的身体所置换出的水量，恰好等于他身体浸入部分的体积。这使他得到了怎样测量皇冠体积的方法，并由此判断皇冠是否由黄金制成，他的"尤里卡"（我找到了！）欢呼声回响了几个世纪。再如，达尔文在创立进化论的过程中也遇到过类似的情形。虽然他已经想到该理论的基本概念，但对于人工选择在自然状态下的生物适应问题困惑不解。有一天，为了消遣，他阅读马尔萨斯的人口理论方面的著述。马尔萨斯清晰地阐述了人类数量增长所受到的各种遏制，并提到那些被淘汰的是最不适于生存的弱者。读到这些地方时，"当时马上在我头脑中出现一个想法，就是：在这些（自然）环境条件下，有利的变异应该有被保存的趋势，而无利的变异则应该有被消灭的趋势，这样的结果，应该会引起新种的形成。因此，最后，我终于获得了一个用来指导工作的理论"②。

直觉思维之所以具有启发作用的机理来源于对整体的把握。贝弗里奇在《发现的种子》一书中解释道："在问题定向的研究中，新的认识或许就是正在探索的特定问题的实际答案；在纯科学的研究中，新的认识或许就是一种综合，它把许多想法和各种资料连接为一种新的概括，据此达到整体大于各部分之和。也就是说，一个新原理可能被辨认出来——这是科学创造性的顶点。"③

直觉思维在特定的条件具有发现新理念的重要作用。直觉、想象、灵感产生于科学家熟悉的领域，直觉思维实质上是对熟悉事物的再认识过程或者形象化的再现，再认识达到一定的深刻程度就可能以灵感和顿悟的方式产生对认识对象的直觉。在这种情况下，思维过程显然被简化、凝缩，采取

---

① 高岸起.论直觉在认识中的作用[J].科学技术与辩证法，2001，18(4).
② 达尔文.达尔文回忆录[M].北京：商务印书馆，1982：78.
③ WIB贝弗里奇.发现的种子——《科学研究的艺术》续篇[M].金吾伦，李亚东，译.北京：科学出版社，1987：12.

了"跳跃"的形式。思维的概念分析、筛选过程被省略了,跃过了许多中间环节,一下子将问题的答案呈现在面前。一个崭新的理论就此出现在科学家的面前。

英国科学家查德威克发现中子就是一个典型的案例。詹姆斯·查德威克(James Chadwick,1891—1974)是卢瑟福的学生,他在1920年就知道老师提出了关于中性粒子的假说,并为寻找这种粒子进行过十几年的探索。法国物理学家约里奥-居里夫妇,利用一个强得多的钋源进一步研究了受到α粒子射击后的铍的辐射现象。他们把铍发射出来的射线解释为"γ射线",把从含氢物质中打出的质子解释成"γ射线"在氢核上的"散射"。当查德威克于1932年1月18日看到居里夫妇发表的实验报告后,立即凭直觉意识到居里夫妇发现的不是γ射线,而是一种新的粒子,很可能是中子。在这一思想模型的指引下,查德威克打破了前人的思路,根据卢瑟福1920年提出的原子中可能存在中性粒子的假设,轻易地解释了约里奥-居里的实验,查德威克经过不到一个月的研究,就验证了这种粒子正是中子,并于1932年2月17日发表了研究报告。至此,人们在探索原子秘密的道路上,又前进了一大步。

可见,直觉思维在科学发现中的作用是非常明显的。爱因斯坦曾经说过:"物理学家的最高使命是要得到那些普遍的基本定律,由此世界体系就能用单纯的演绎法建立起来。要通向这些定律,并没有逻辑的道路,只有通过那种以对经验的共鸣的理解为依据的直觉,才能得到这些定律。……凡是真正深入地研究过这一问题的人,都不会否认唯一的决定理论体系实际上是现实世界。"①现实世界与理论之间没有直接的逻辑发现的途径,只有通过科学家运用自身的知识去感知自然界中存在的"先定的和谐"。因此,科学创造过程中的直觉思维不仅对于经验心理学是很重要的,对于科学创造的理性方法来说,也是很重要的。

---

① 爱因斯坦.爱因斯坦文集(第1卷)[M].许良英,范岱年,等编译.北京:商务印书馆,1976:101.

125

三、 审美逻辑的方法论意义

审美逻辑由臻美推理和类比推理组成。审美逻辑因其自觉、非逻辑,被认为与科学研究无关。科学创造是一个包含着主体心智参与的复杂过程,美与审美普遍存在于科学研究中,并且和创造过程发生着千丝万缕的联系,是有规律可循的,因而审美认知也应当是有审美的。承认并研究审美的逻辑问题,对于了解科学研究的全过程、建立科学的审美化体系,从而真正实现用"美的规律"去指导科学创造有着重要的理论和实践意义。审美逻辑是以意象思维和直觉思维为研究对象的逻辑形式。我们知道,概念是形式逻辑的"细胞",推理是形式逻辑的核心问题。审美逻辑与形式逻辑不同,想象是审美逻辑的"细胞",想象和直觉的矛盾运动以及在此基础上形成的审美判断、审美推理,则是审美逻辑的核心。审美推理主要选择以下两种方式进行推理、判断。

"臻美方法是把对美的追求放在思维首位,按照美的规律,对尚不完美的对象进行加工、修改以至重构的一种方法。臻美方法尽可能多地利用不同领域的知识对自然科学和社会科学的科学理论的形式、结构、内容进行审美处理,探索科学创造的新方向。"[①]因此,臻美推理是在艺术、科学等各种创意、创造活动中,通过想象和直觉的矛盾运动而达到的从整体上推断出理想结果的思维过程。它在本质上不同于形式逻辑推理,其基本结构是由想象、直觉、灵感、美感这些在美学上常用的范畴组成的,故称为臻美推理。臻美推理就是以达到尽善尽美为焦点的思维运动。臻美推理是以想象和直觉为基础,如前所述,想象的本质是"组合",而直觉是对一些组合的选择判断。把这些组合和判断的矛盾运动联系在一起,就构成了臻美推理运动。臻美推理方法是以想象和直觉为思维依托而不完全是以知识和经验为依托,想象和直觉通常其实就是一种审美感觉(美感)或者叫审美鉴赏,康德则称之为"审美判断"(审美鉴赏)。这也正是臻美推理方法特别的地方。贝弗里奇指

---

① 刘仲林. 现代交叉科学[M]. 杭州:浙江教育出版社,1998:376-411.

出:"有相当部分的科学思维并无足够的可靠知识作为有效推理的依据,而势必只能主要凭借鉴赏力的作用来作出判断。"[①]臻美推理,虽然是接近真理的一种手段,但是也有局限性。通过臻美推理有时可以推出正确结论,有时则会推出虚假的结论。臻美推理的成果最终需要通过逻辑标准和时间标准进行检验。但臻美推理方法是科学求真的有效方法。

臻美推理的具体过程是:先出现一种想象组合方案,接着被直觉否决了;再出现第二种组合方案,又被直觉否决;又出现第三种组合……以此类推,循环重复,直至出现一个理想方案或最优方案,恰是所追求的一种强烈的美感透进心扉,出现了灵感或顿悟状态。所以,可以说,灵感是想象和直觉的矛盾达到高度统一,想象的结果被直觉肯定时突然间呈现的一种理智和情感异常活跃的状态。臻美的推理结构如图4.2所示[②]。在图中,横轴t表示时间,纵轴L表示理性高度。其中1、2、3、4……表示随着时间推移想象发生的次数。各次数之间彼此间隔是不等距的,有大有小,表示在创造中有想象频繁集中的时刻,也有想象沉寂进行孕育的时刻。同次数相对应的虚线,表示否定型直觉。直觉高潮是BC,它是一个肯定型直觉,用实线表示,亦即灵感产生之处。AB斜边表示推理,由低向高不断上升构成了思维的运动。

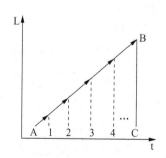

图4.2　臻美推理结构图

类比法是一个在本质上与归纳法、演绎法不同的方法。把类比法和臻

①　WIB贝弗里奇.科学研究的艺术[M].陈捷,译.北京:科学出版社,1979:81.
②　刘仲林.中国创造学概论[M].天津:天津人民出版社,2001:292-293.

美法同属于审美逻辑的一部分,这不仅是因为二者在推理方式、结构上相似,而且还因为类比推理法是对思维符号和表征意义上的推理,因此,相对于归纳法和演绎法而言,类比推理和臻美推理都涉及情感、想象等多种心理功能。日本学者汤川秀树从另一个角度提出直觉思维的机制是在意象思维中的"等同确认"的基本能力。这实质上是一种高度敏捷的类比能力。创造者正是依靠这种能力才能迅速地把两种不同性质的事物等同起来,亦即通过把难以理解的事物进行比较来达到从整体上把握认识对象的效果。等同确认最基本的形式是"式样识别"。人类的式样识别能力是十分惊人的。①例如,我们能从一大群人中辨认出自己认识的熟人。恩斯特·马赫认为:类比是概念体系之间的关系,我们在其中逐渐清楚地意识到,对应的要素是不同的,而要素之间的对应的关联是相同的。严格地讲,出自相似和类比的推断不是逻辑的事情,至少不是形式逻辑的事情,而是心理学的事情。类比能把任何对象的全部本质明确地呈现在我们眼前,它在科学认知中的价值怎么高估也不过分。②

传统意义上的类比推理是根据两个或两类对象有部分属性相同,从而推出它们的其他属性也相同的推理,简称类推、类比。所以,类比推理是从个别到个别的推理,具有或然性。如果前提中确认的共同属性很少,而且共同属性和推出来的属性没有什么关系,这样的类比推理就极不可靠。即使如此,科学家常根据类比推理得出重要结论。类比推理方法被认为是直觉和想象力自行发展的结果。汤川秀树说:"我想说明的另一个问题是直觉和想象力自行发展的方式。这儿有各种各样的可能性,但是其中最重要的一种就是类比。类比是这样一些方式中最具体的一种,它们把那些在一个领域中形成的关系应用到另一个不同领域中去。这是中国人自古以来就很擅长的一个领域。表现类比的最古老的形式就是比喻。在许多事例中,古代

---

① 眭平.科学创造的横向研究[M].北京:科学出版社,2007:47-48.

② 恩斯特·马赫.认识与谬误——探究心理学论纲[M].李醒民,译.北京:华夏出版社,2000:219-230.

思想家的论证都是依靠类比或比喻的。"①在汤川秀树看来,类比推理方法虽然同归纳推理一样来源于古代形而上学的思辨思想,但是它是东方,尤其是中国古代特有的一种认识世界的方法。归纳推理方法在亚里士多德所完成的形式逻辑体系中更明显。

美国创造学家戈登对创造过程中应用的类比进行了大量研究,提出了类比的四大类型,对创造学发展产生很大影响。这四种类比分别是拟人类比、直接类比、象征类比和幻想类比。

拟人类比是指把所给予的问题的因素人格化、拟人化,用自己类比对象,使思考者自己"变为"思考对象的一部分,例如研究某种装置时,就把自己设想为那种装置,在此意境下考虑该装置的各种作用,就像孩子张开双臂把自己幻想成飞机做游戏的情景一样。

直接类比从自然界或者从已有的发明成果中,寻找与创造对象相类似的东西,将两者彼此模仿或比较,达到触类旁通的效果。例如,将蜻蜓飞行的原理直觉应用于直升机的飞行中。

象征就是用具体的事物表现某种特定的意义,象征类比是指将创造中的待解决的问题,用具象的东西作类比描述,使问题立体化、形象化,为问题解决开辟道路。戈登在解释象征类比时说:"在象征类比中利用客体和非人格化的形象来描述问题。根据富有想象的问题来有效地利用这种类比。他构想一种形象,这种形象虽然在技术上是不精确的,但在美学上却是令人满意的。这种形象作为他观察问题时对问题的要素和作用的一种扼要的描述。"②"象征类比是直觉感知的,在无意中的联想一旦做出这种类比,它就是一个完整的形象"③,如白色象征着纯洁,红色象征着热烈。

幻想就是我们的梦想、我们的愿望,一般说来,是不尽合理的。幻想类比是指在创造思维中,想象力超过现实,用理想、完美的事物类比待解决问

---

① 汤川秀树.创造力与直觉——一个物理学家对于东西方的考察[M].周林东,译.石家庄:河北科学技术出版社,1987:44.

② 刘仲林.中国创造学概论[M].天津:天津人民出版社,2001:120.

③ 刘仲林.中国创造学概论[M].天津:天津人民出版社,2001:122.

题的类比方法。幻想类比能引导出其他类比机制。例如,爱因斯坦年轻时思索相对论问题时曾想:如果以光速追随一条光线运动,会发生什么情况呢? 这条光线就会像一个在空间中振荡着而停滞不前的电磁场。正是这一类幻想类比,打开了相对论的大门。[①]

这几种类比中直接类比是基础,它是我们日常生活中常见的类比。在这一基础上,向不同的方向发散形成不同的类比类型,除了戈登着重分析的这几种类比方法以外,还有复合类比、比喻等等。各种类比方法各有特点和侧重,它们在创造活动中互补充渗透、转化,都是创造过程不可缺少的部分。

直觉思维乃至整个创造性思维本质上就是康德说的"审美判断",应用在科学上即为"审美推理",审美推理以直觉为先导,是一种合乎美的标准的直觉感受。

审美逻辑当中类比推理方法促进各学科之间的交叉融合,在综合思维的基础上促进科学研究的推陈出新。类比法不是简单的模仿,而是富有创新性的思维方法。类比推理中的想象组合,把两个东西从不同的角度联系起来,但同时保持各自的独立性,在异中求同,或同中见异,从而产生新知,或得到创造性成果。许多重大的科学发现,都是运用类比的结果。

物理学家薛定谔从物理学的观点出发,把遗传因子的突变类比为量子力学中的量子跃迁,把遗传现象在亲子之间的遗传类比密码传递和复制。诺贝尔奖得主沃森和克里克等因此从薛定谔的类比中获得启发,最终导致双螺旋结构模型的建立。再如进化论的创立者达尔文,借鉴人口学家马尔萨斯的人口论和西方经济学"看不见的手"的原理,创立生物进化论。进化论建立后,它的整体化、相互联系等观点又在一定程度上被不同学科类比,从观念上促进不同学科之间的综合、联系和交叉,这种综合、联系和交叉的结果导致了一些重要的新的边缘学科的建立。分子遗传学家雅各布和莫诺在研究大肠杆菌中乳糖利用分子生物学的机理中,类比了控制论中有关控

---

① 刘仲林:中国创造学概论[M].天津:天津人民出版社,2001:124.

制与反馈的概念,用负反馈的原理合理解释了大肠杆菌在糖代过程中的遗传调控机理,因此获得诺贝尔生理奖。促使化学家凯库勒从"蛇舞"图像联想到苯的结构式的关键除了科学美的原因之外,还有一个很重要的因素,就是他本人曾经在大学里学过建筑学,正是建筑艺术中的空间结构引导他选择了苯分子的环形结构式。

类比在科学发现的历史上比比皆是、不胜枚举,究其原因在于绝大多数的科学创造都是在缺乏充分的佐证和事实资料的情况下进行的,这就需要科学家通过直觉借鉴别的相关学科的知识去选择研究方向、领域和课题,识别有希望的线索以及发表对新发现的看法。在这种意义上,可以说审美逻辑是新思想产生的催生素,它在科技创新中能发挥触类旁通的作用。托马斯·库恩明确表示,隐喻、类比、模型是新概念诞生的助产士,是指导科学探索的强有力的手段。[①] 无怪乎彭加勒惊叹道:"物理学的类比给我们预示了多少真理的存在啊!"

审美逻辑的核心就是要冲破传统方法的束缚,冲破形式逻辑的思维框架,驰骋想象,调动直觉,捕捉灵感,在自由自在中创造。它不是提供一个或者一些机械的方法,而是提供无数方法和观点;不是追求创造方法的多少,而是追求审美创造的意境。在想象力和理解力高度协调的审美意境中蕴含着丰富的创造潜力。正所谓,无法而法乃为至法。到达审美境界的人,其创造力是无限的,已经不受具体方法的制约,能够达到"随心所欲不逾矩"的自由创造境界。爱因斯坦把这种体验称为"思维的自由创造"。科学研究对象深入到宇观、微观和高速领域以后,涉及一些无法测量的量,已经远远超出人们的经验范围,无法直接验证,只有依靠抽象的数学和推理,"特别说来,物理学从二十世纪初期以来的发展,就是定了这种道路。在这样的事例中,单靠逻辑学是什么也干不成的。唯一的道路就是直觉地把握整体,并且洞察到正确的东西"[②]。爱因斯坦在作为一个纯粹的理论物理学家方面和牛顿

---

① 李醒民.隐喻:科学概念变革的助产士[J].自然辩证法通讯,2004(1).

② 汤川秀树.创造力与直觉——一个物理学家对于东西方的考察[M].周林东,译.石家庄:河北科学技术出版社,1987:42.

是不同的。爱因斯坦在创立广义相对论时，并不是借助于实验室里的实验数据，而是依靠自由想象，自由想象具有超越形式逻辑规则的限制，运用有意识和无意识的理智构造建立基本假设和经验事物之间的联系。爱因斯坦运用多种形象来说明"相对性"的含义是最典型的代表。自由想象表征着人的思维所具有的能动性、创造性。自由想象能力越强，意味着思维的能动性、创造性越强，思维越具有广阔度、灵活度。在科学研究中，越能促进科学思维中的形象组合、联络，加速科学概念和关系的形成。

总之，科学研究离不开美感、想象、联想等，而美感、想象、联想属于意象思维的范畴。意象思维也是艺术的思维，由此艺术创作和科学创造之间存在着相通之处，音乐、美术、文学等都是艺术的变现方式，对提高人的艺术修养，培养和训练包括联想、想象、类比、知识迁移等在内的形象思维能力具有极其重要的作用。音乐和文学诚然不会直接教你如何解微分方程，但是却能拓展你的文化背景，丰富你的想象力，提高你的精神境界，从而有助于科学发现。美国学者曾对一百名诺贝尔奖获得者进行分析研究，结果发现有90％以上的获奖者都是音乐、美术的爱好者。

第三节 案例研究：对"院士思维" 的背景分析

科学创造过程是一个相当复杂的过程，它之所以复杂，是因为科学创造不仅仅是科学知识的再发现，同时还涉及很多方面的问题，尤其是在科学创造过程中有关人的意会认知能力的问题。意会认知不仅确实存在于科学创造的全过程中，而且经常起到重要的作用。本章仅以诺贝尔奖获得者学科背景、教育背景分析以及中国科学院院士和中国工程科学院院士的思维分析为依托，考察意会认知因素在科学创造中的作用。

一、 院士思维分布特点

中国科学院院士和中国工程院院士是当代中国科学界的杰出代表,其中有许多是学科领域的泰斗和大师级人物,科技素养和科技创新能力自然不同凡响。《院士思维》(1—4 卷)一书记录下当代大师在从事科学研究时的思维特点、学科背景等与科学发现相关的内容。值得借鉴的是,他们在论述从事科学创造的过程时无一例外地都提及思维问题。尽管在研究领域、个人气质等方面存在差异,院士们各自拥有自己独特的思维方式,但是总体而言,意会思维、概念思维和辩证思维方法在院士思维中呈现"三分天下"的局面。

院士思维方法丰富多样,涉及各种创造性思维模式,但其中提及最多的有辩证思维、发散思维和概念思维,三者总和占总数的 2/3。辩证思维的强势在一定程度上反映了我国对唯物辩证法的长期宣传和广泛传播,这种辩证思维已经深入人心,在我国科学家思维中扮演着重要角色。在辩证思维统计中也包含着系统方法,反映了现代系统科学思维方法对科学家的影响。发散思维是创造思维的重要组成部分,特别是在创新观念孕育和形成的阶段,发散思维起着关键作用。概念思维是建构严谨科学知识体系的重要工具,没有对理论的层层推导和对实验数据的严密分析,就无法深化研究对象,进而揭示事物本质与规律。总之,院士谈论的主要方法,即辩证思维、发散思维和概念思维,三者侧重点各有不同。辩证思维侧重于一种哲学的思辨与洞察,发散思维侧重于思维的创新与变革,概念思维则偏重于理性的分析与论证。三者各有特色、相辅相成,共同构成了院士思维的主体框架。[①]除了辩证思维、发散思维和概念思维之外,想象力、交叉方法、类比方法、臻美方法在院士思维中也占有一定比重。依据前面对意会认知因素的考察可知,想象力、灵感、交叉方法、类比方法、臻美方法等都属于意象思维的范畴,对《"院士思维"计量分析与思考》(1—4)卷略作整理之后得到表 4.1 的统计数据。

---

① 刘仲林,汪寅."院士思维"计量分析与思考[J]. 科学技术与辩证法,2006(5).

表 4.1　院士思维简表

编码		基本表述与说明	频次	所占比例
一级编码	二级编码			
思维方式	意象思维	想象力、发散思维、形象思维、臻美方法、交叉方法、类比方法、直觉、灵感	180	53%
	概念思维	形式逻辑、概念判断、推理、归纳、演绎、分析、综合、理论思维、抽象思维	58	17%
	辩证与系统方法	辩证法、对立统一、整体观、系统方法	102	30%

资料来源：依据刘仲林和汪寅的《"院士思维"计量分析与思考》中的相关内容整理而来。

在《院士思维》中，很多院士对科学发现过程中的思维方式有很深刻的体会。机械工程专家杨叔子院士认为："人既要有逻辑思维，也要有直觉思维，而且这两种思维是相互渗透、彼此支持的。"[①]钱学森院士对思维方式有精深的研究，他认为，在概念思维和意象思维之外还存在着第三类的思维方式，即灵感思维方式（灵感思维也归为意象思维的一种），其也是人类最基本的思维方式之一。三种思维方式在科学创新中共同发挥着作用。总而言之，人类最基本的思维方式有两种：意象思维与概念思维。意象思维是科学家进行理论研究和创新时必备的素质。概念思维是与意象思维相对应的一种思维方式，是以概念、判断和推理的形式展开的。科学家依靠概念思维方式获知严谨与精确的科学知识，并在此基础上演绎其理论结构。演绎推理和归纳推理是常用的方式。

意象思维通过想象、直觉、灵感、审美、类比、交叉等要素起作用。在院士思维方法中，依据统计资料发现，在科学创造中运用意象思维的有 53%，占了思维方法总量的一半还多。其中，想象力、直觉、臻美等方法的运用占了很大的比例，一方面说明院士非常重视意象思维，另一方面也说明院士在

① 罗承选.志汇中西归大海，学兼文理求天籁——从"院士思维"看人文与科技整合的意义与途径[J].中国矿业大学学报（社会科学版），2002(4).

具体的科学创造中对意象思维方式方法的依赖。雷啸霖院士认为:"物理学中大凡有一些价值的工作多数是源于物理的直觉。"①20 世纪 80 年代,雷啸霖院士提出晶态合金电阻率的超结构散射理论,揭示了意象思维在科技创新中的先导作用。他以物理的直觉猜测晶态合金中普遍存在的行为起源于合金的机制并直觉地相信它的非弹性散射部分对电阻率有贡献。这样在物理直觉的引导下建立了物理模型,最后以数学推导进一步证实了这样一个基于物理直觉的模型,发展了晶态合金电阻率的超结构散射理论。②

当代的科学是朝着整体化和综合化趋势发展的,横断学科、交叉学科和边缘学科正成为科学前沿的生长点。相对于具体某个学科的研究方法,科学家们更注重在学科交叉融合的过程中做知识和方法的迁移,在综合应用多学科知识的基础上,不断开拓科学研究的新领域。与此同时,院士们着重对在交叉过程中发展起来的、在思想层面的属于哲学范畴的科学研究方法的应用。学科交叉为科学研究提供学科方法的维度支持,因此科学家越来越重视学科交叉思维方法的运用,并且许多院士在科学领域取得了丰硕的成果。

在中国科技精英身上,东西方思维方式的交融尤为突出。东方思维是以意象思维为其主导思维,"是用象征类比、直觉来把握认识对象,亦即把认识对象放到一个更大的象征群体中,通过未知对象和已知对象之类比,或未知对象与象数之和谐,达到对未知对象的认识。这种认识和思维方式,保持了认识对象的有机完整性,是意象思维的独到特色"③。一方面,老一辈院士大都接受过系统的传统文化教育,他们身上有对中国传统文化精粹的继承与发展,中国传统文化在影响院士人生观、世界观的同时,也在潜移默化地影响着科学家的科学创造性思维方法。另一方面,院士们一般都接受过正规的西方科学教育,熟悉科学发现的逻辑,因此在科学研究的过程中注重运

---

① 罗承选. 志汇中西归大海,学兼文理求天籁——从"院士思维"看人文与科技整合的意义与途径[J]. 中国矿业大学学报(社会科学版),2002(4).

② 刘仲林,汪寅."院士思维"计量分析与思考[J]. 科学技术与辩证法,2006(5).

③ 刘仲林. 揭开中国传统思维之谜[J]. 学术探索,2003(2).

用西方传统的科学计量、分析、实验验证，这就弥补了传统意象思维中存在的模糊性和不确定性的不足；在重视定性分析的同时，也能采取定量的分析方法。院士们把传统文化中的整体综合观、相对性思想的思维方式与西方那种抽象的、逻辑的、严密的、分析的思维方式相结合，并在科研工作中灵活运用分析方法、数学方法和实验方法，显示出了东西合璧的优越性，取得了丰富成果。

院士们也经常陶冶和丰富自身的心灵，在求真的科学探索中，时刻不忘对美和善的追求，在拥有一流的科学品质的同时，具有深刻的人文关怀，从而使科学人生与诗意人性实现完美统一。

首先，科学精英们有着强烈的社会责任感，这种情感激励着他们为建设祖国而贡献自己的力量，使得他们以国家的建设、祖国的需要作为自己工作的出发点，使科学研究同实际需要相结合，在促进理论建设的同时，也担当起国家和民族的命运。院士们普遍认为早年受到的人文素质教育对其治学历程和科学研究具有重要的影响。唐稚松院士自小对中西哲学就感兴趣，其在清华学习近七年的时间中，一直坚持听金岳霖、冯友兰、张岱年等著名哲学家的课程，培养其哲学情操。"而他的科研成果也体现了人文思想与科技创新的有机结合。1995年日本《朝日新闻》发表了日本软件工程协会主席举田孝一的专文，其中写道：'唐教授的成就之一，就是花了15年时间开发成功的新称为XYZ的软件系统，尽管系统所采用的数学理念来源于西方，但构造此系统的基本思维却是孔子的中庸哲学和佛教禅宗的认识论哲学，这也许可以说是东方文明对于新的21世纪高新技术发展的一大贡献吧。'"① 肿瘤外科专家汤钊猷院士在自述中写道：他的医学辩证法思想与他早年对老子思想的学习有关系。在他小的时候，他的父亲常常和他谈及老子。那时候老子朴素的辩证法思想也在他年幼的脑海里产生影响，后来他又系统学习了辩证唯物主义和自然辩证法，从而认识到辩证思维指导科学研究的

---

① 罗承选.志汇中西归大海，学兼文理求天籁——从"院士思维"看人文与科技整合的意义与途径[J].中国矿业大学学报（社会科学版），2002(4).

重要意义。

其次,科学精英具备合理的知识结构。毋庸置疑,科技精英们首先都是本领域的专家甚至是大师级的人物,他们拥有扎实的理论基础,掌握本领域科学研究的最前沿的动态知识,在诺贝尔自然科学奖获得者中,有41.02%的人从事交叉学科研究。换言之,科学精英们必须具有合理的知识结构才能够在大科技的背景下驾驭科学的发展并作出突出的贡献,单一的知识结构是难以为继的。同样,中国的科技精英拥有一流的科学理论和技术,同时也是一专多能的"通才",是一个通晓多种领域的"博士"。很多院士在学习科技理论研究之前曾学习过文学、历史、哲学等学科。完善的知识结构除了有利于语言表达能力的提高,增强科学论文的表现力之外,还具有价值选择和审美体验的功能。他们多才多艺、学识渊博、个性独特、气质非凡,善于从整体上、互相联系中去认识、把握现代科学技术。地质学家刘宝珺院士说过:"我兴趣比较广泛,涉猎的范围不仅在地学和自然科学的一些学科,还包括社会科学中的哲学、文学、史学、佛学等,也关注世界上事物联系的普遍性,认识到人们在考察自然科学、社会科学乃至我们自身的精神时,都会发现某种联系,某种相互作用,而自己的思路也常常在了解、学习、借鉴别的学科的过程中受到启迪。"[1]"机械工程专家杨叔子院士具有深厚的人文素养,在讲座和报告都色彩缤纷,深受听众和读者的喜爱。如他在《了解具体,超越具体》一文中介绍自己的治学生涯和对学科的前瞻性思考时,先后提及或引述了中外人文典籍包括《唐诗三百首》《诗经》《四书》《古文观止》《易经》《老子》《哈姆雷特》等,引用了毛泽东、苏东坡、韦应物、李白、笛卡尔、莱布尼茨、爱因斯坦等古今中外名人的诗文名句,从而使得他的文章视野开阔,纵横捭阖,充满哲人灵慧之气。"[2]

---

① 罗承选.志汇中西归大海,学兼文理求天籁——从"院士思维"看人文与科技整合的意义与途径[J].中国矿业大学学报(社会科学版),2002(4).

② 罗承选.志汇中西归大海,学兼文理求天籁——从"院士思维"看人文与科技整合的意义与途径[J].中国矿业大学学报(社会科学版),2002(4).

表 4.2　诺贝尔自然科学奖中获奖科学家交叉学科背景分析表

时间跨度	获奖人数	交叉学科背景人数	比例
1901—1925 年	69	25	36.23%
1926—1950 年	74	26	35.14%
1951—1975 年	96	41	42.71%
1976—2000 年	95	45	47.37%
2001—2004 年	32	18	56.25%
总计	366	155	42.35%

资料来源:依据诺贝尔奖获得者个人背景网站介绍制作(http:// nobelprize. org)。

　　现代科学成果大多具有多学科融合、交叉、渗透的性质,如从诺贝尔物理学奖获得者交叉背景就能略见一二。其中许多获奖者还具有多学科交叉的背景,如 2004 年诺贝尔生理医学奖获得者林德·巴克就集心理学、微生物学和免疫学博士于一身。

　　师承关系是科学知识传递过程中最重要的关系。科学界的精英成员之间存在着这种微妙的社会联系,"师与徒这些词曾被科学家们长期用来形容各种各样的个人之间的关系,不仅包括教师与学生之间的关系,而且包括高级与低级合作者之间的关系"[①]。美国社会学家哈里特·朱克曼在《科学界的精英——美国的诺贝尔奖金获得者》一书中,对诺贝尔奖获得者之间的师承关系进行了细致而深入的研究之后如是说。科学技术是一个承前启后、前赴后继的伟大事业,很多院士认为他们的思维很大程度上得益于其在求学及工作中名师的指点。首先,名师的科学思想、思维方法与治学态度等对院士思维的建构具有潜移默化的影响;其次,名师对科技前沿的把握有助于他们找准研究方向,快速向世界先进水平接近。名师,尤其是国际性的科学大师,拥有丰富的科研资源,如充足的经济支持、先进的实验设备、一流的教

---

　　① 哈里特·朱克曼.科学界的精英——美国的诺贝尔奖金获得者[M].周叶谦,冯世则,译.北京:商务印书馆,1979:139.

育设施等,这些都有利于其学生进入科技前沿,加快科研进程,早出原创性成果。如哥本哈根学派以玻尔为核心产生了一大批优秀的科学家并多次获得诺贝尔自然科学奖。统计表明,名师对院士在不同阶段对其治学方法、人生观、科研方向选择都产生了深远的影响。①

表 4.3　院士提及导师影响阶段及人数统计

时间	大学时期	研究生阶段	留学期间	合作研究	跟随学习	合计
人数	48	15	25	5	26	119
比例	40.34%	12.61%	21.01%	4.20%	21.85%	

资料来源:《院士思维》(1—4 卷)。

从表 4.3 中的统计可以看出,大学时期和研究生阶段导师对院士的影响最大,两阶段合在一起是 52.95%,占一半还多,由此可见,在大学和研究生阶段,导师对塑造科技创新人才的重要作用;除此之外,在国外进修或留学期间,导师对其影响也很重要,院士或多或少都曾经跟随某个领域内的名师学习或者工作过。但实际上,有很多院士师承多位名师,如物理化学(结构化学)家卢嘉锡院士在 1937 年在伦敦大学化学院学习期间,师从著名化学家 S. 萨格登;1939 年,经萨格登推荐,又进入美国加州理工学院,师从诺贝尔奖获得者 L. 鲍林教授(1954 年的诺贝尔化学奖和 1963 年的诺贝尔和平奖获得者);王淦昌院士在国内求学时期的导师为物理学家吴有训,留学期间的导师是对发现原子核裂变有重大贡献的物理科学家梅特纳教授,这些求学经历为他及时寻找适当的研究方向并在后来发现反西格马负超子奠定了良好的基础。

留学国外,尤其是留学发达国家的经历使院士们能够第一时间接触到科技前沿理论和知识,占领科技的制高点,同时这也是培养高级科学人才的一个重要手段。留学期间还有可能接触到享誉国际的专家学者,在跟他们学习和交流的过程中获得科学研究的最新知识和有效的科学方法。据

---

① 刘仲林,汪寅."院士思维"计量分析与思考[J].科学技术与辩证法,2006(5).

统计,院士留学主要集中于美国、英国、德国和苏联 4 个科学相对发达的国家,合计有 424 名,超过全体院士的 41%,接近具有留学背景院士的 87%,其中在美国留学的院士最多,有 255 人,超过了具有留学背景院士的一半。[①]

表 4.4 留学背景院士人数统计表

年份	美国	英国	法国	德国	日本	苏联	其他	合计	总计	比例
1955—1957	82	20	11	19	9	0	9	150	190	78.95%
1980	122	34	2	8	1	12	6	185	282	65.60%
1991	21	8	0	2	3	24	5	63	209	30.14%
1993	5	0	1	2	0	9	0	17	59	28.81%
1995	3	0	2	0	0	8	3	16	59	27.12%
1997	2	2	0	0	0	6	1	11	58	18.97%
1999	7	2	0	2	0	5	2	18	55	32.73%
2001	9	0	0	1	1	3	4	18	56	32.14%
2003	4	0	0	1	3	1	3	12	58	20.69%
合计	255	66	16	35	17	68	33	490	1026	47.76%

资料来源:徐飞,卜晓勇.中国科学院院士特征状况的计量分析[J].自然辩证法研究,2006(2).

与此同时,院士中还有一部分人以访问学者和其他的身份进入国外的名校进修,或者在国外的研究所和实验室从事合作研究。依据《院士思维》一书,在总共 221 位院士中,留学进修、访问学者和有过到国外研究所工作经历的有 125 人,占总人数的 56.56%(如表 4.5)。

① 徐飞,卜晓勇.中国科学院院士特征状况的计量分析[J].自然辩证法研究,2006(2).

表4.5 院士国外交流人数统计表

	留学/进修	访问学者	国外研究所/实验室	合计
人数	97	21	7	125
统计总人数	221	221	221	221
比例	43.89%	9.50%	3.17%	56.56%

资料来源:依据《院士思维》(1—4卷)。

院士们留学的经历,一方面有利于掌握最前沿的科技成果;另一方面,西方的思维传统和思维方式也在无形中影响着他们的科学生涯。西方发达国家自由的科技体制,也给院士们以自由的创造空间。有很多院士的科研成果是在留学期间就已经开始或者完成的。西方发达国家深厚的科学传统对科学家的熏陶对科学创造大有益处。

《院士思维》(1—4卷)以221位院士的思维方式为研究的出发点,初步探究了我国两院院士思维分布特点,从知识结构、名师效应以及留学经历三个方面分析了形成院士思维的原因。作为科学界的精英,他们善于组织协作、协同攻关。发散思维、集中思维、形象思维、逻辑思维、系统思维等各种各样的创新思维的应用为两院院士们奠定了创新的基础。这些思维方式在他们的科研道路上起到了引导作用,为院士有所成就奠定了基础。此外,笔者也认为特殊年代的社会环境、良好的家庭环境、优质的教育环境等都对院士们思维方式的形成产生了影响。

二、 启示意义

对院士思维特点的成因分析,不仅仅是为了解释院士思维的特点,更进一步,对于我们发现科学创造的思维方式,培养创新性人才,具有充分的借鉴意义。

通过以上对院士思维结构和特点的分析可见,科学创造过程是创造性思维集中发挥作用的阶段,发散思维、收敛思维、横向思维、纵向思维、直觉、想象力、灵感、顿悟、辩证思维方式和概念思维、意象思维之间的交叉渗透到科学研究的每一个过程中。21世纪是以创新为特征的时代,不同思维方式的渗透、交叉和融合将更为深刻和广泛地影响创新性研究成果的产生,对于培养具有创新性思维的高级专门人才也具有重要的指导意义。

对院士知识结构以及考察自然科学类诺贝尔奖获得者的学科背景与其获奖成果之间的关系,可以看出,具有跨学科(或多学科)背景的学者更加具有做出创新性研究成果的可能。具有跨学科(或多学科)背景的科技工作者更容易出创新性的研究成果。2001—2004年32位诺贝尔奖(自科学类)获奖者中,具有跨学科(或多学科)背景的学者共18人,占总数的一半以上。这说明,多学科知识的交叉、融合渗透将有利于创新型人才的培养。

意象思维在科研创造过程中具有鲜明的启发和诱导作用。现代心理学研究表明:人的认识飞跃常常由某种诱因诱导而产生,这种诱导不是通常意义上所说的一般启发,而是一种在想象和直觉矛盾运动背景下的直感顿悟式启发,如果没有这种思维上的飞跃,按照常规的思路和程序很难产生出创造性的认识。事实上,绝大多数科学新构想都来源于想象和直觉的猜测。对院士思维的分析表明,意象思维方式在科学研究中的作用不容忽视。

对院士思维的分析发现,治学的过程并非是知识的简单传授,导师对学生的引导相比较于知识的传授来讲更为重要。导师在传承科学传统的同时,还会在无形之中对学生的科学方法运用以及人格塑造等方面具有重要的影响,尤其是在研究生阶段,导师可以多角度、全方位地指导研究生从事科研活动。

第五章
意会认知与我国的科研教育

第一节 意会认知缺失的现状与原因

通过对科学意会认知因素的研究，发现虽然意会因素本身的不可言说性决定了对其研究不像概念逻辑那样容易引出规范的条理性理论，但是意会认知因素在科学创造中的重要性是显而易见的。

意会认知思想对于科研、教育的意义尤为突出。创造性思维中非逻辑思维，建立在意会认知的基础上，意会知识参与科学概念的理解过程，总之，科学创造离不开意会认知的参与。意会知识参与科学发现的过程并不像言传知识一样有据可依，它通常是以科学家或者科学家群体的科学传统、文化因素、知识结构、科学精神等非显性的方式指导科学发现。本章旨在就意会认知丰富的教育意义进行深一步的探索，努力结合当前中国科研教育实践的一些具体现状进行分析，促进人们对我国当前科研教育理论和实践认识论的反思和重构。

一、 意会认知缺失的表现

现行教育模式下,大学生、研究生的知识结构存在着缺陷,在知识学习方面存在着片面性,因而缺乏完善科研创新系统所需的知识结构,从而导致了创造力不足。

通过前面对院士和诺贝尔奖获得者的背景分析可以看出,科学创造与学科交叉之间有密切的关系,具备跨学科的背景往往有利于科学创造,但是当前我们的大学生学科交叉能力相比较于西方国家的学生显得较差,这里把美国的大学教育和我国的大学教育模式作一个简单的比较。

在美国,大学的功能是教学、科研和服务。要求大学教育应当是职业教育、通识教育、专业教育三者合一的教育,强调本科教育应以实现通识教育为目的。美国的通识教育对本科生培养目标的实现具有平衡功能,通识教育使本科教育的内涵和外延同时获得均衡发展,能够正确地处理好"博"与"专"的关系。"对于受过通识教育的人,了解是关注的基础。他们一旦对世界有一些认识,学生就会渴望去了解更多、领悟更多,因此想要不断地学习。他们不但关心问题,而且能付诸行动。除了有知识、有爱心,受过通识教育的人还具有批判性探索、深入思考、评定证据、多角度思维、应对不确定性和含糊性的技能。"[①]美国大学通识教育之所以成功,在于通识教育是四年大学本科教育里非常核心的部分,实际上也就是所有本科生一二年级的"共同核心课",主要包括历史、文学、修辞、逻辑、算术、几何、音乐、天文等。在通识教育体制下培养出来的大学生,具备知识融会贯通的思考能力。因此,很多科学家具备跨学科甚至是多学科的背景也就不足为奇了。如 1989 诺贝尔医学奖获得者哈罗德·瓦穆斯(Harold Varmus)汇集文学学士、文科硕士、医学博士、微生物学教授等头衔;2004 年诺贝尔医学生理学奖获得者林德·巴克集心理学博士、微生物学博士和免疫学博士于一身。所以,以上两位在大

---

① 约翰·丘吉尔. 美国的通识教育[N]. 科学时报,2007 - 9 - 11. 网址:http://www.cas.ac.cn/10000/10001/10003/2007/115785.htm.

学获得的是分别文学学士和心理学博士学位,但在广博教育的基础上可以相信,他们有足够的数学、生物和其他自然科学的基础知识,因而能够在攻读博士学位的阶段分别转到生物医学和理论物理的研究领域并获得优异的成绩。对 2001—2004 年间诺贝尔奖获得者的学科背景所作的统计发现,获奖人具有多学科(或跨学科)背景的在物理学奖中占 20％,在化学奖中占 57.1％,而在医学(生理学)奖中则高达 80％以上。由此可见,对于越复杂的学科,获奖人的多学科(或跨学科)背景尤为突出。

与国外的大学教育相比,在我国现有大学本科教育机制下,大学生一进校,立即就被分入几十个专业面十分狭窄的院和系,就如同被领进了一条条相互分割的窄胡同。更有甚者,一些中学的高中生就被划到理科班或文科班,等等。这样培养出来的人,就只能" 管中窥豹,略见一斑 ",没有明显的创新能力。各个学科的教育没有能够在人类整个知识框架下去认识自己的专业,体会各学科间的内在必然联系,加之当前我国个别高校的本科教育的"应试化"倾向使得研究生的生源质量得不到基本保证。因此,不难理解,由于人文、社会科学与自然科学的思考方式上的巨大差别,在目前我国大学教育体系下,一般只可能有学理科和医科的学生转到从事人文和社会科学的研究领域中去,反之则简直无法想象。①

当代研究生思维敏锐,能够积极地适应时代的需要,主动地学习和掌握外语、计算机以及专业理论知识,但在注重言传知识学习的时候,由于理论学习和实践环节存在脱节,缺少对知识的意会认识,在整合知识的过程中无法达到举本统末、由博返约的创造境界。研究生群体在建构知识结构的过程中,往往忽视多学科知识的相互学习:理工科研究生缺乏文史知识,文科研究生科技思想贫乏,研究生群体普遍缺乏跨学科知识和创造所需的多学科的知识背景。

研究生富有朝气,思维活跃,在身体和心理上日渐趋于成熟,并且在长期的学习中储备了一定的理论知识,这为创造思维的形成奠定了良好的根

---

① 杨玉良. 漫谈研究生教育中的一些相关问题[J]. 学位与研究生教育, 2007(2).

基,但现行的研究生教学体系,往往重视概念逻辑的分析,忽视想象力的发挥,导致研究生群体意向思维能力弱化,直觉想象力发展滞后,甚至出现思维僵化的现象。这既不利于研究生吸收和消化新知识,也不利于研究生充分发挥想象力。而想象力恰恰是创造力的源泉,拥有想象力对从事科学研究的研究生来说比拥有知识更重要,而当前在教学体系中恰恰忽视了这一点。

伴随着经验的增长和抽象能力的增强,研究生的自我概念正日趋成熟,在学习中表现出强烈的自主性。他们在此基础上对知识进行探索式的反思,但是在促进知识增长的同时也形成了另一种趋势,即任何不能得到他们认可的教学模式注定都是徒劳的。在当前的教育模式下,研究生的教学方式虽然进行了相应的改革,并且取得了不错的成绩,但是传统的教学方式在很多学校依然存在,而且影响深远,其结果是导致研究生不是在研究中学习,而是机械式的死记硬背,导致导师和研究生的关系松散,导师对研究生言教和身教的影响力降低,研究生对本领域感性认识不足,无法掌握专业领域内的创造技法。

从 1949 年到 2008 年,与美国取得的近千项科技原创成果相比,中国取得的重大科技原创成果只有十几项,中国科学技术在原始性创新方面不足凸显,国家自然科学奖、国家发明奖两类科技大奖的一等奖已连续几年空缺,诺贝尔自然科学奖不多,核心技术依赖度大,国内重大科技奖项空缺,科技论文质量不高,发明专利数量少,缺乏世界级的科技领军人物等现象正逐渐显现。科研原创能力的不足,归根结底在于科研教育中存在着问题,尤其表现在人才培养模式上。

科学研究活动是人的一种特有的思维认识和实践活动,必然会受到当时的社会学术环境的影响。创造心理学的研究表明,创造思维的产生是紧张与松弛的循环结果,在高度集中的学术研究之后,要有意识地放松心情,让自己暂时逃离紧张的创造活动,结果往往会有意外的发现。总之,科学创造活动需要一个过程,欲速则不达。对于一项世界一流的原始创新性的科学发现,其成功与否及何时完成是谁都无法预见的。科学社会学家贝尔纳认为,科学是一种累积的知识传统。简言之,科学创造需要宽松的学术环境。

科学研究是一项艰苦的探索过程,与那些激动人心的发明、发现成果相比,科学研究的大部分时间都是在寻找某种联系,而且这种联系隐藏在事实背后。科学研究这一特征决定了科研人必须有"十年磨一剑"的耐心和信心,这是科研人员必备的素质。而反观我国在学术研究与名誉地位挂钩的情形下,科研人员为了某些利益,发表一些低水平知识论文、一稿多投、篡改实验数据等科研不端行为屡有发生,造成了大量国有科技资源的流失。究其原因,很多科研单位为了提高排名,竞相高薪聘请各种学者,这些学者一来学校,就会被给予种种津贴和荣誉,人们都盯着这些特殊引进的人才如何出成果,有的科研人员就容易在这种"虚荣压力"之下造假。浮躁气息渐渐渗透入教育和科技领域,大学要排名,要进行综合实力评价,首先要有科研成果,要有知名学者。"客观上大学压力非常大,各种评估,容易让人急功近利,浮躁。"科技部部长徐冠华曾表示,当前,科技界学术不端行为时有发生,学风浮躁的现象确实比较严重。国家从上到下大力支持科技创新,虽然说科技创新是好事,但过多行政干预和社会的迫切愿望也给研究人员施加了很大压力,造假往往是在这种情况下产生的。学风不正主要表现为:急功近利、急于成名,潜心做学问的少了,专注走捷径的多了;有的人文章著作一大堆,有影响的却寥寥无几,有的根本就提不出自己的思想和观点;过多地强调和追求学术论文、科研成果的数量和速度,忽视了质量和水平,导致学术成果缺乏开拓性、原创性,低水平重复性的论文著作处处泛滥,形成"学术垃圾"。

科学精神与人文精神的统一和谐,使得科学上有突出贡献的科学大师往往散发着高尚的人格光辉。从 1901 年到 1999 年诺贝尔奖(自然科学类)获奖人数排在前三位的分别是剑桥大学、哈佛大学和哥伦比亚大学(表5.1)。尽管获得诺贝尔奖有很多的因素,但总体来看,这几所学府在教育理念上拥有一个共同理念,即科学与人文和谐发展。以美国为例,哈佛大学是美国这几所大学中率先进行 General Education(通识教育)的学府。19 世纪末,哈佛大学校长查尔斯·威廉姆·埃利奥特(Charles William Eliot)推动全面实行选修制,开启了美国通识教育的滥觞。自此之后,哈佛大学一直坚持以"核心课程"为中心的通识教育,涵盖外国文化、历史研究、文学与艺术、道德推理、量化推理、科学、社会分析等七个方面的内容。芝加哥大学强调的是通识教育与专业教育的整合,通识教育课成绩决定专业的选择。哥伦比亚大学开启了美国现代大学通识教育的新起点,也是美国大学通识教育的模板。其实欧洲大学从中世纪就开始了博雅教育(Liberal Education),牛津、剑桥更是率先开启。这些大学无一例外地都重视不同学科知识的交叉、渗透,与此同时,注意培养学生的科学精神和人文内涵,使得他们除了拥有扎实的理论功底和高超的实验技能之外,还具有相当高的哲学或艺术修养,以备科学研究之需。事实上,也确实如此,很多有成就的科学家在哲学、艺术、历史等领域都有所建树。以物理学家薛定谔为例,他一生始终对哲学抱有浓厚的兴趣,他不仅对古希腊哲学有深入研究,而且也特别关注哲学的发展,他本人还曾经出版过一本诗集;尼耳斯·玻尔酷爱绘画和雕塑,曾用木头雕刻了一台造型美观、转动灵活的风车;费因曼的绘画达到相当高的水平,还举办过个人画展;牛顿曾用数学的、组合的方法来研究音乐;伽利略能弹得一手好琵琶;威廉·汤姆生是当年大学时代出了名的管弦乐队的法国号手;维克托·赫斯从小就能用多种乐器演奏承曲;玻尔兹曼、索末菲、玻恩、海森堡等一生中,与钢琴结下了不解之缘;威廉·赫歇尔擅长弹风琴;普朗克既是钢琴家,又是风琴手,还是慕尼黑大学合唱团的指挥;爱因斯坦不仅是一位古典音乐的评论家,而且是一个出色的"第一小提琴手";居里夫人跳起波兰舞来不知疲倦且姿态最美丽。① 科学大师之所以会如此,是因为科学与人文是相通的,科学精神的本质寓于人文精神之中。

---

① 张相轮,程民治.物理科学美论[M].西安:陕西人民教育出版社,1994:234 - 343.

表 5.1　1901—1999 年诺贝尔奖人数最多的前三列大学排名

大学名称	获奖次数	获奖比例(%)
剑桥大学(英国)	56	12
哈佛大学(美国)	36	7.7
哥伦比亚大学(美国)	34	2.2

资料来源:海外星云.世界名大学诺贝尔奖排行榜,1999-3-22.

　　在人文精神和科学精神的相互关系中,人文精神实际上居于主动地位,主导了科学思维和科学各学科。[①] 人文精神比之观念、方法更为隐蔽,但又无时无刻不在影响科学认知活动。研究者只有同时具备科学精神与人文精神,才能全面地认识对象,科学创造活动也更自觉。正像埃尔萨塞曾经评价薛定谔所说的:"科学是哲学的继续,只是手段不同。"[②]这也间接说明科学精神和人文精神的紧密关系。

　　当前我国在对科研人才的培养过程中,过分重视科学知识、科学方法的传授,忽视甚至回避人文素质教育。学生缺乏独立思考的能力,哲学素养不够,无法真正形成人生信条。至于艺术修养更无从谈起,理科学生对艺术上有追求的不多,把欣赏美当作对科学事业追求的一种内在深层动力的源泉的更少。文科学生对科学知识也是一知半解,文理生成了老死不相往来的两类人。长此以往,人为的造成了科学与人文的分离。一个科技工作者如果缺少了人文素养,无法对生命有人文关怀,也不可能有开阔的视野,因此很难产生强烈的创新意识。因为创新往往是和对美的追求相关的,要其在难度极大的科学创造活动中有所作为,显然是不切实际的。对科学精英们的成才之路的研究表明:科学上一项新理论、新技术的创立、发明离不开意象思维和概念思维的互动。科学发现的最佳状态应该是把大胆的猜测与严密的科学论证相结合。中国人的创造力并不比别人差,但是由于我们传统

---

① 毛天虹.创造视角下的两种文化的交融[D].中国科学技术大学,2008.

② 程民治,朱仁义,王向贤.弘扬科学大师的人文精神是整治基础物理教育之方[J].物理与工程,2008(6).

的教育方式原因,造成了重视言传知识的传授,忽视意会因素的存在。20世纪特别是20世纪下半叶以来,我国对传统意象思维的简单批判和排斥,使之在思维实践中严重滞后,中国传统文化及意象思维教育几乎为零,大部分学生熟悉的只有近乎机械的概念思维及其推理,缺乏两种思维张力作用下的创造活力。若不改变这一现状,素质和创新教育就难以深化。事实上,概念思维至上、科学主义一统天下的思潮已成过去,只强调概念思维或只强调意象思维,都不能使中国思维现代化,只有将各领域的思维都视为概念思维和意象思维的统一体,全面推广形式逻辑和审美逻辑方法,才是中国思维现代化的必由之路。

二、 意会认知缺失原因分析

笔者认为,我国基础研究原创性成果匮乏更深层次的原因是科学积累上的弱势。由于积累尚未完成,所以原创的前提和基础还未完全确立。杨振宁教授2007年在澳门科技大学的讲座上表示:美国有几百个研究所,而且一做就是五十多年;所有科研成果都要有积累和传统,任何科研创造不是靠一天或几天就可以完成的。杨振宁指出问题的关键所在,无论什么样的科学新发现都是科学积累的结果,科学积累是科学创造的前提条件之一。科学积累包括科学传统、学术思想、科学精神、实践经验等方面的内容。其中科学传统与科学精神的积累是科学创造的环境因素,科学传统的确定是一个国家科学发展的关键;而学术思想、实践经验等方面是科学创造的重要形式。总之,科学积累不单纯是知识或思想材料的积累,它有着更广泛的社会学和文化学意义。没有积累,就没有原创,原创与积累是基础科学进步得以实现的基本方式。[①]

目前我国在基础研究和应用研究的许多领域,还没有形成深厚的科学文化传统,支撑科研人员从事重大科学发现、理论突破、技术发明的学术思想积淀比较浅,学术氛围不够浓,整体推进大批科技原创人才的培养还有一

---

① 吴海江.诺贝尔奖:原创性与科学积累[J].科学学与科学技术管理,2002(11).

定的难度。科学积累对于个人来说,科学研究需要科技人员具备宽广的阅读基础和广博的理论视角,以及将自觉的问题意识贯穿在多年如一日的认真严肃冷静的学习钻研中。而当今社会的市场取向使利益的动力增大,金钱名位的诱惑和喧嚣,使一些科研人员难耐艰苦寂寞的科研生活,很难静下心来做学问,科学独创与学术的精品自然是无从产生。甚而为避免科研风险,追求"立竿见影"速效,某些人铤而走险,突破起码的学术准则与道德底线,忽视追求真理与科学的精神,进行学术造假谋求个人利益。这些行为都阻碍着科学的创新,致使我国科技原创严重滞后。

第二节 意会认知缺失对策研究

一、 建立合理的知识结构

一个国家的科学文化传统对科学创新能力、科学技术的发展水平具有重大的意义。在我国,科学文化传统有不少好的方面,其促进了古代科学的发展,如至今仍使中国人引以为自豪的"四大发明"。但是随着现代科学的发展,科学文化传统中某些因素在科学发现的过程中具有副作用,成为阻碍中国科学创造的重要方面。

传统文化对科学创造的影响主要表现为促进和制约作用。就制约作用来说,中国传统文化的某些思想经过几千多年的历史积淀,已经深入到生活的各个方面,内化成科学家生活的一部分。在思想上,缺乏创新精神;行为模式上,鼓励模仿,压制创新;在价值观念上,强调平均主义和中庸思想,强调"以义制利",个人利益服从整体利益;在个性上,重视共性,忽视个性发展,过分地贬低个人的发展,主体性受到限制。这些都导致创新意识和创新思维力不足。中国文化强调"知足常乐""安分守己""明哲保身"

"不为人先"等信条,违背科学创新精神。科学发现要求科学家具有极高的创新精神和批判意识,而深受传统文化影响的中国人性格中往往会持一种保守的思想,这种保守思想容易让科学家在研究活动中表现为谨小慎微、不敢越雷池一步,缺乏冒险的进取精神,这不利于科学创新。我国文化传统中许多消极性的因素,影响着原创研究的产生。杨振宁明确指出:"中庸之道对于科学发展不是最好。中国为何没有得出欧几里德的几何定律,在于它所揭示出的打破沙锅问到底的科学精神与中国倡导中庸、不太允许标新立异的文化传统相背离,这种文化机制不利于培养标新立异的科技人才。"[①]总体来讲,对中国文化的偏见主要是从西方科学传统来看中国文化,中国传统文化则更多地表现为直观的、猜测的意象思维方式,缺乏逻辑和数学演绎的传统,论证模糊而不求精确,注重实用性,忽视基础研究。中国古代科技没有形成系统的科学体系,科技缺少应有的社会地位,并且缺乏通过科技促进生产力发展的动力和机制。

科学本身是文化的产物,科学活动的过程就是科学文化的创造过程。从这个意义上说,科学发现过程以形式逻辑为指导,同时,传统文化中的非理性因素被科学家内化后对科学研究的高效率运行发挥着巨大的凝聚和激励功能;渗入到科学家的意识深层,对科学家的思维方式、行为规范以及价值观念发生着深刻的影响。1953 年,爱因斯坦在给美国加利福尼亚州圣马托的 J. E. 斯威策的复信中说:"西方科学的发展是以两大伟大的成就为基础,那就是:希腊哲学家发明形式逻辑体系(在欧几里德几何学中),以及通过系统的实验发现有可能找出因果关系(在文艺复兴时期)。在我看来,中国的贤哲没有走上这两步上那是用不着惊奇的,令人惊奇的倒是这些发现(在中国)全都做出来了。"爱因斯坦的话包含着两层意思,科学研究是为了寻求发现和了解客观世界的新现象,研究和掌握新规律,它需要研究者有认真的、严谨的、实事求是的工作态度,形式逻辑就是一例,但除此之外,科学研究又是创造的。中国传统文化是蕴含着丰富的想象力的文

---

① 李小夫. 2008 年诺贝尔科学奖的联想[J]. 前沿科学(季刊),2008,4(2).

化,传统文化价值观中的某些价值取向有利于树立正确的科学精神,如"先天下之忧而忧,后天下之乐而乐""国家兴亡,匹夫有责"等等,对于培养科学家良好的社会责任感具有重要作用。从这一点上说,传统文化对科学创造具有促进作用。对于中国传统文化的基本精神,张岱年指出:"中华民族的传统文化中,既有主动的思想,也有主静的思想。但是,能够引导、促进文化发展的还是主动的思想。"①对于中国文明发展史为什么会落后于西方的问题,学者大都用西方"逻辑推理,实验证伪"两大方法论进行反思,认为中国文明的发展缺乏这两样法宝是根本原因所在。中国古代缺乏理性思辨、逻辑推理,而这方面正是引发现代科学方法产生所必须具备的思想要素。相对于西方文化中重视分析,中国传统哲学更注重从整体上把握事物,强调事物的结构和功能,而忽视事物的构成因素。意会认知思想具有深厚的传统文化背景,但是由于意象思维缺乏强有力的逻辑表达,且在现实世界中具有某些超经验的方面,主张个人对参与知识的形成具有决定作用。意会认知与意会知识包含中国哲学的意会思想,但是长期以来国人对中国哲学的偏见,使得人们对意会认知思想采取视而不见、避而不谈,甚至抵制的情绪。

从世界科学发展来看,现代科学技术传入中国时间不长,大约只有一百多年的时间。但是,西方的科学认识论对科研活动产生很大的影响。西方理性主义一直在我国科学哲学领域占主导地位。作为理性主义的主要代表,逻辑经验主义对理论评估和选择活动中存在的意会因素与意会知识的地位与作用的认识,一直是一个因棘手而未能得到很好研究的问题。长期以来,由于理论上的困难,科学哲学中的理性主义传统一直把科学家在科学创造活动中经常诉诸的意会因素与科学创造的关系排除在外,结果非但无法抹杀意会知识的存在,而且极大地削弱了理性主义传统的说服力。逻辑经验主义的观点在科学认识论和方法论的研究中一直占统治地位,他们认为科学理论是通过对经验材料的直接归纳而建立起来的,科学所做的一切

---

① 刘仲林."创新"的中国文化渊源[J]. 天津师范大学学报(社会科学版),2001(4).

不过是对人类经验的规律表述,科学的最终目的就是要产生最完整的和最精确的对于宇宙的可能的解释。① 他们认为所有的科学理论都来源于经验。换言之,经验是检验理论是否为真的唯一标准,经验标准是科学家选择某一理论的依据。所以,逻辑经验主义的理论评估是客观主义科学观的缩影,它完全排斥经验之外的非理性的存在。在科学方法上,运用逻辑推理的方法获得对世界的客观知识。至于这些知识的起源和科学发现的过程,与科学研究主体无关。但是,科学发现的过程是历史的主体的参与过程,因为科学发现是跟科学家的个人心理特征以及相应的社会环境因素联系在一起的,很难进行逻辑分析。创造性思维因为其非逻辑性,长期被排除在科学认识的范围之外。虽然受 20 世纪初物理学革命以及 20 世纪中叶的系统科学论的影响,逻辑经验主义的观点已经备受考验,科学史学家和科学哲学家开始从不同的方面重新思考科学创造过程,如认知科学的整体性科学观、系统科学系统思维观的引入等等,都让人们对科学活动的认识价值有了重新的思考,但总体来说,当代科学哲学发展有一个主要动向——由逻辑实证主义向实用主义回归。从这个意义上说,意会认知真正的确立在认识论中的地位,还任重而道远。

二、 建立言传认知和意会认知协调发展机制

科学发现要求科学工作者必须要有强烈的创新意识、健全的心理素质作支撑,创造的思维方法作武器,合理的知识结构作储备,良好的外部环境作保障,才有可能在原始性创新中有所作为。我国传统教育下的应试教育模式在很多方面都不利于原始创新的要求。具体来说,传统教育对创造力的制约表现在以下几个方面。

创造活动要求创造者具备开放、动态、超前和变革性的思维,要求创造者要充分发挥自身的主动性、创造性,重视其个性的发展,在主动获取知识

---

① 詹姆斯·W 麦卡里斯特. 美与科学革命[M]. 李为,译. 长春:吉林人民出版社,2000:4.

的同时提高创造思维能力。传统教育是封闭式、静态的、被动的和保守的教育,单纯注重学生对知识的吸收,忽视教育过程理论联系实际的能力,学生在获得丰富的专业知识的同时,也失去了探索未知世界的机会。针对传统教育与创新精神和创造能力的关系问题,中国科学技术大学前校长、中科院院士朱清时认为:"知识不是创新能力最本质的东西,创新能力最本质的就是好奇心、想象力和洞察力。"知识越多不代表创新能力越强。日本学者益川敏英,在日本土生土长,英语说不好,从没出过国,甚至连护照都没有,但这并不妨碍他的科学创造能力,益川敏英与其他两位物理学家共同分享了2008 年诺贝尔物理学奖。传统教育理念在培养学生创新精神和创造能力方面严重缺乏,势必会造成学生创新能力不足的局面。

中国长期以来实行精英教育,从古代的"罢黜百家,独尊儒术",到现在的高考制度,从一定的程度上来说,这是一种精英培养模式。精英教育托起的社会形态必然是一种精英社会,从社会构架层次上看,属于教育上的专制。教育模式中以高考为"指挥棒",以教师为中心、教材为中心、课堂为中心,强调知识的灌输和积累,分数成为衡量学生能否晋级的唯一标准,学生为取得高分,往往以题海战术来取胜。教育模式上存在着"胜者为王,败者为寇"的现象。我国的现代教育方式实质上是对"少数精英"的肯定,容易让学生产生消极情绪,最终没有了学习的动力和信心。世界上很多著名的科学家,如牛顿中学成绩一般;爱因斯坦中学成绩并不突出,甚至有在第一次考大学时落榜;小时候的达尔文是家里最淘气的孩子,家里发生的一切坏事都记在他头上;除此之外,爱迪生、魏格纳等等都是学习成绩并不突出的学生,但是并不妨碍他们成为伟大的人。科学史上具有革命性意义的科学奇迹,往往都不是由所谓的"权威人物"创造的,而是由那些在当时还名不见经传的"小人物"创造的。不是伟大的科学家创造了伟大的科学成就,而是伟大的科学成就造就了伟大的科学家。尽管科学史实如此,但在我们现实生活中却把关注点放在职业科学家和已取得成就的大科学家身上,忽视"小人物"的成就。

中国的科学发展不能够跟外国同步发展,很大的原因是体制问题,这已经成为学界的共识。科研体制的制约主要表现在学术评价体制上。

科研体制的最大危害在于对学术成绩的良莠不分,其严重抑制了人文学科发展的同时,也挫伤了研究者的自信心和创新能力。量化评价提出的所谓在经费、学科点、院士数、成果级别、经济社会效益……诸要素的计量上一视同仁或按比例换算的法则,其结果是极大地伤害了人文学术和教育,整体矮化了人文学术从机构到学者到成果的各个层级。以最具人文特色的北大为例,在某些排行榜和评价系统中,其文科(包括人文及社会科学)的得分不及理科的三分之一,顶尖文科(北大)的得分只有最好理工科(清华)的五分之一。[①] 北大尚且如此,其他理工科院校文科的境地就可想而知了,可见,科研管理上的定量化使得人文学科研究环境进一步恶化。中国的学术界缺乏一个确实可行的刚性评价体制。量化评估的过程存在着某些人情因素,造成学术资源的浪费。学术资源的占有方面,强势机构越来越强,弱势机构越来越弱,马太效应因量化评估而激活了。

科研评价体制的弊端导致了学术腐败、学风不正、学术浮躁等一系列的问题,影响主体能动性的发挥,其结果必然导致学术水平的平庸,破坏了学术环境的权威性、创造性,对于学术思想的创新毫无益处。造成学术问题的原因在于,在人才评价指标体系上,各科研单位过分强调职称、学历与待遇的关系,而忽视能力、贡献与业务的关系,进而导致职称评定中长期推行与论文著作数量挂钩的僵化方法,客观上鼓励研究者只追求论文的数量,而论文质量却难以保证,学术泡沫急剧膨胀。

三、 优化科技创新体制

中国科技界的问题,根子出在行政管理体制不合理上。科研机构缺乏独立的自治能力。不论是科研经费的取得,还是科研成果的鉴定都需要依赖行政部门。如果脱离了行政部门的支持和引导,中国的科技寸步难行。科研机构的行政色彩不仅体现在对外关系方面,也体现在科研机构内部各

---

① 刘明.学术评价体制检讨[J].浙江社会科学,2005(5).

个层面。在任何一个科研院所，层层叠叠、大大小小的管理机构数不胜数。所以，科研管理体制的官僚化，是悬在中国科研工作者头上的一把刀。①所谓官本位，是指以官为本，把做官当成人生目标和价值追求，科学研究上用官阶高低来衡量学术水平，"官本位"的管理方法给科研人员委以"官职"制约。现在科学界"封官"的做法已经形成惯例，青年科学家们成果一出就立即被委以各种行政职务，很多具有世界科学大师潜质的年轻人都过早被埋没了。科学研究者一旦取得一点成绩就会被委以领导岗位，目的无非是希望借助他们的名声获得更多的学术资源。科研工作者去做官，不可避免地要把自己很大一部分时间和精力投入到公共服务上去。而搞科研却一定要沉下心来，踏踏实实地在某一研究领域"十年磨一剑"，才能做出真正的成果来。然而，被委以行政职务的科学家每天要忙于一些行政事务，无暇顾及科学研究，科研过程就此中断，科学发现更无从谈起。"官本位"的科研管理体制，是与科学创新背道而驰的，不利于科学发现。

通过对意会认知在科研教育中缺失原因的分析可以看出，阻碍意会因素在科研教育中发挥作用的原因涉及主体自身、科研教育体制以及文化背景等方面，因此应从新的不同阶段的特点与影响等要素入手，同时综合考虑创新的动力环境因素，采取相应的对策，提高我国科技原始创新能力。

通过分析发现，科学研究者自身的素质是科学原创的首要因素。对于具有创新精神的优秀科研人才来说，拥有广泛的知识背景、文理兼容的知识结构、扎实的专业理论知识，是塑造自身素质的重要条件。研究生是当代校园的高层次知识分子，又是未来社会建设的中坚力量，因此应让研究生在学习中研究、在研究中学习，以不断提升其创造力。

如果说学习知识是创造的过程，那么创造则是学习、运用和思考知识的最高境界。作为国家高层次的研究型和应用型人才，研究生不应再做"两耳不闻窗外事，一心只读圣贤书"的迂生，而应以更宽广的学术视野、更热情的参与性积极地融入到社会实践中去，从而在社会的大舞台中锻炼自

---

① 乔新生."官本位"扼杀世界级科学家[J].教育情报参考,2004(7).

己。另外,研究生思想品德修养的提高也有赖于和谐、轻松的学术氛围的营造。作为研究生培养的重要基地——高校,在传授知识的同时应注意对研究生人格的锻炼、品质的陶冶。例如,学校可以通过开通相应的心理辅导热线,解决研究生所遇到的人生问题,为其提供建设性的意见和建议,引导其走出心理误区;以开展社区文化活动等形式增加研究生对社会的了解,通过一系列活动积极塑造其理想的创造型人格,努力提高研究生的思想道德水平。

充分的想象力是创造性思维形成的重要标志,是研究生创造力的源泉。根据创造性思维产生的特点,研究生在知识结构的完善中,应结合创造性思维产生的规律,在研究生培养目标的指引下,各高校要在学习上为研究生提供充分的思考空间和时间,并结合研究生学习的特点,建造自由民主的学习风气,而不应过多地强调研究生论文的数量,同时应积极鼓励研究生进行跨学科的研习,开设相应的文理交叉的选修课程,促进研究生建立交叉背景的知识结构,促进意会知识的活动,从而提高对专业知识的理解力,最终形成研究生创造性思维模式。

在科教兴国的目标下,创新型人才已经成为我国建立自主创新型国家、实施可持续发展所依赖的重要人才资源。中国台湾通识教育在培养创新型人才方面的成功经验,对我国的高校教育改革具有重要启示:一是要不断学习和借鉴国外以及中国台湾地区通识教育的先进理念。通识教育的目的是为了扭转功利化的大学教育带来的弊端和缺陷,使学生具有"忧天下之忧"的人文情怀以及不断创新的创造动力。目前我国高校通识教育改革取得了一定的成效,但对通识教育理念还缺乏本质的深入认识,仅仅通过开设一定量的文化课程并不能解决问题,甚至会让目前的高校教育改革走向误区。因此,结合我国现阶段高校教育的特点,不断深化对通识教育的认识,形成符合自己国情的通识教育体系,才能为培养创造型人才提供有利条件。二是要使通识教育向体制化、程序化的方向过渡。目前我国通识教育的开展还处在起步阶段,许多高校开始推进通识教育,但是也存在着诸多问题,其中管理体制和评定体制的缺乏是比较突出的问题。在我国高校中,通识教育往往依赖于各院系,依据院系所需来设置通识课程,通识课程成了专业课程之外的补充。但通识教育相对于专业教育而言,并不是可有可无的,它应当和专业教育一样规范化和体制化,因此在我国的高校教学改革中也应设立独立的通识教育专门机构,这样才能有力保证通识教育得到推广。三是要从整体思想出发来设置通识课程。通识课程是体现通识教育效果并使其深入人心的最重要保障。近几年来,我国高校纷纷设立了相当多的人文素质教育选修课(如清华大学、北京大学、复旦大学等),加深了在校学生人文方面的修养,但也出现了很多亟待解决的问题,如课程设置不均衡、课程内容的80%是关于人文素养方面的,而且课程设置随意性大。其实通识教育并非知识的简单叠加,通识课程的设置是科学精神和创新精神的体现。通识教育的开展除了可以通过课堂教学实现外,专家讲座、社会实践、学术沙龙等等都是开展通识教育的较好的形式。经过多年的实践,通识教育的重要性已经逐渐被中国台湾地区各大学、学院的教师、校长及教育主管机构所认识和肯定,并得到了研究经费上的支持。此外,中国台湾通识教育的理论和实践探讨也开展得非常深入,在教育思想的转化、课程内容的规划、教学方法的改进等方面都有许多值得我们借鉴和学习的经验。

正如前面讨论过的,波兰尼给出了一个完整的由言传认知和意会认知组成的认识论结构,确立了意会认识与言传认识平等的地位。从一定意义上说,人类的认识大体可分为两类:言传的认识和意会的认识。冯友兰认为前者为正的认识,后者为负的认识。意会知识是创造性思想的源头,应受到更大的关注。从创新的层面上讲,我国应当特别注意意会知识的培养,这是教育改革的基础;也是为提高我国科技竞争力战略提供的颇具启发性的思想。

言传知识与意会知识共同构成了人类知识系统。学习者的学习过程就是由意会认识过渡到言传认识,再借由可表述的知识转换成意会知识,最终达到对知识的领悟。"知识创造的关键就在于对意会知识的调动和转换。"[①]

---

① 野中郁次郎,竹内弘高.创造知识的企业——日美企业持续创新的动力[M].李萌,等译.北京:知识产权出版社,2006:63.

学习者能将不可言传的意会知识转化为可以言传的知识,或将可言传的书本知识进行创新,关键在于一个"悟"字。没有悟,就没有进步;没有悟,就没有创新。正如前面讨论过的,创造性思维是由逻辑思维和非逻辑思维构成的,而非逻辑思维包括意象思维、直觉思维等,它们都是建立在意会认识的基础上的,即使是以推理为主的概念思维,在对相关概念的把握和理解上也需要意会认识的参与才能完成。因此,意会认识是创造活动的关键所在。因此,在教学中,应因地制宜地充分发挥学习者的主动性和创造性,注重培养学生的自学能力,将其想象力引导到学习模式中。

言传知识与意会知识协调发展需要跨越学科之间存在的鸿沟,最大限度地融合多种知识,建立起多元性的知识背景。多元性观念和知识能使学生的思维活动灵活,避免僵化。言传知识和意会知识协调发展的教学目标要求改变过于狭窄、精细的学科划分,培养学生创造能力。

意会知识暗含于实践活动之中,是非抽象逻辑和语言所能表述的,只能在行动中被意会到。从意会认知理论角度讲,个体的意会认知的参与是形成科学知识的必要条件,同样在科学研究的过程中,科学的理想和信念、科学的经验和技巧、科学的态度和精神等等,这些精神层面的东西,无法通过言传式的教育渠道获得,在很大程度上只能通过实践中的个体摸索和反复训练等途径来进行。实践性教学、直接经验的获取在教育过程中具有一种不可替代的重要地位。再好的讲解式教学,即便是启发式的教学,也不能代替通过实践的方式或亲身参与的方式,去学习和获取对个人成长与发展极为重要的个人实践知识,即意会的知识。杨振宁教授曾经说过,中国留学生学习成绩往往比一起学习的美国学生好得多,然而十年以后,科研成果却比人家少得多,原因就在于美国学生思维活跃,动手能力和创造精神强。实践教学方式能让学生对言传知识有形象化的概念之外,学生还通过"做"体会那些难以言传的意会知识和实践技巧,从而促进学生创新能力的提高。

波兰尼十分强调传统手工业时代的学徒制形式在科学研究中的重要作用。他认为:"一种无法详细言传的技艺不能通过规定流传下去,因为这样的规定并不存在。它只能通过师傅示范徒弟的方式流传下去。……当科学中的言述内容在全世界数百所新型大学里成功地授受的时候,科学研究中不可言传的技艺却一直未能渗透到很多这样的大学中来。……你照师傅的样子做是因为你信任师傅的办事方式,尽管你无法详细分析和解释其效力出自何处。在师傅的示范下通过观察和模仿,徒弟在不知不觉中学会了那种技艺的规则,包括那些连师傅本人也不外显地知道的规则。"①科学研究中的技巧只有通过跟随别人学习,在模仿中实现。实际上,师徒关系在科学研究的实践中具有非常重要的意义。朱克曼在1977年出版的《科学界的精英——美国的诺贝尔奖金获得者》一书中通过对诺贝尔奖获得者的追踪采访,用科学社会学的方法探讨科学家以及科学家群体之间的关系,特别是科学家在科学研究中所形成的特殊的师承关系。在对92名诺贝尔奖获得者的调查研究中发现:有48人——占被调查者的一半以上曾是本领域更年长的诺贝尔奖获得者的学生或者助手。大部分的获奖者之间都在不同程度上存在着师徒关系。这些未来的诺贝尔奖获得者在作为"徒弟"的时候,从"师傅"那里学到的主要不是言传性的知识,而是诸如工作标准和思维模式等更大范围的倾向性态度和不能编纂整理的思维和工作方法等意会知识。② 由此可见,意会认知在科学研究领域广泛存在,师承关系是其主要的传递方式。

有专家认为,大学生特别是研究生在进入某一学术领域的过程中,一般会接触到两种意会知识,一种是从这一学术领域的长期经验中产生的意会知识,这是一种实用的几乎是下意识的知识,其核心是调控科学论文发表的能力。另一种意会知识是大学生特别是研究生自己在研究生期间的科研实践中获得的,如直觉力、想象力、研究技巧、合作能力等。因此,大学教学改革除了需要进一步要求学生系统地掌握相关专业的理论知识外,关键是要

① 迈克尔·波兰尼. 个人知识——迈向后批判哲学[M]. 许泽民,译. 贵阳:贵州人民出版社,2000:79.

② 哈里特·朱克曼. 科学界的精英——美国的诺贝尔奖金获得者[M]. 周叶谦,冯世则,译. 北京:商务印书馆,1982:141.

让学生进入科学共同体或研究小组,实际参与导师的科学研究,进而通过与导师或权威人士亲密接触,获得课堂上所学不到的意会知识。[①] 导师在完善研究生知识结构中具有举足轻重的作用。导师的指导是研究生建立系统的科研方法的重要因素。研究生导师通过言传和身教指导研究生学习和实验技能,使其在获得专业知识的同时,形成系统的科研学习的方法。重视研究生导师对研究生科研学习的指导作用,有利于加强导师和研究生之间的联系。改革传统的教学方式,充分调动研究生学习的自主性,变研究生被动地学为主动地要。对研究生导师而言也应注重加强自身的学术修养,提高思想水平,以朋友和师长的身份,在平等、民主的气氛中,主动与学生沟通学习技巧,启迪学生思维使其解决问题,从而获得新知识,完善知识结构,提高创新能力。

前面我们对国内的意会理论研究在统计的基础上进行了分析,提出了意会理论发展的三个阶段。总体来看,意会知识研究是一个跨学科议题,其中哲学、教育学、管理学是三条主线。在 25 年中(1983—2008 年),第一阶段以哲学探讨为主,主要是波兰尼意会知识的评介和哲理方法研究(比较偏重使用意会知识术语);第二阶段教育学研究比较活跃(比较偏重使用缄默知识术语);第三阶段,在知识管理领域突飞猛进(比较偏重使用意会知识术语)。从 20 世纪到 21 世纪之交,意会知识研究发生重大变化,原著翻译、论文数量、专著数量都发生突飞猛进的变化。如果说 20 世纪 80、90 年代是序幕,21 世纪初叶则迎来了高潮。

25 年来,我国意会知识研究从小到大,取得了许多学术成果和应用业绩,但也存在明显的弱点和不足。粗略地说,通过哲学起步,教育学推动,管理学加速,形成了以哲学为理论主干,教育和管理为应用两翼的发展态势。目前主要问题是两翼丰满,主干弱小,结构失调。换句话说,应用研究文章数量呈爆炸性增长,一方面,在促进企业成长和管理进步方面起到了积极作用;另一方面,受急功近利思潮的影响,不少文章没有实质内容,只是在炒作

---

① 陈明贵. 试论默会知识及其教育学意义[J]. 高等教育研究,2007,30(4).

概念,高数量文章背景下,水分很大;相反,哲学性基础研究很薄弱,不仅数量不多,而且偏重对国外观点的介绍和评价,与中国本土文化结合不够,有深度和创新的论述不多,由于传统形成的马克思主义哲学、中国哲学、西方哲学、科学哲学等研究领域彼此割据,缺乏交流,意会知识问题尚没有引起哲学界的普遍关注。

意会知识研究与中国哲学脱节,是目前中国意会论研究的一个重大缺陷。老子说,"道可道,非常道",对"非常道"的探究,就是一个最大的意会认识论议题。中国传统哲学正是以深厚意会知识研究为其认识论特色,数千年以来积累了大量相关研究的经典文献。波兰尼是英国人,不大知晓中国哲学,这不难理解,但中国学者无视、忽略或避开中国本土哲学思想,一味单调重复西方观点,人云亦云,是值得反思的;而中国哲学研究拘泥于本国传统研究范式,缺乏与国外现代哲学,特别是科学哲学观点的互动交流,也是影响我国意会知识研究深入发展的原因之一。

日本野中郁次郎的研究方法值得我们借鉴。1995 年,他与人合写了 *The Knowledge-Creating Company*(《创造知识的企业》)一书。在这本书中,作者从东西方文化会通的视角,对波兰尼的知识观作了拓展和创造性发挥,尝试用东方人的"心身合一"观取代西方人的"主客二分"观,在东西方之间闯出一条创造知识的"中间道路"。野中郁次郎在波兰尼意会知识基础上,进一步指出了知识创造和转化的四种方法,并提出了知识获得的"螺旋"图。我国学者大量引用野中郁次郎的观点,却没有注意他融东西方文化为一体的研究方法。

众所周知,科学知识是建立在严谨的形式逻辑推理基础上的,似乎与非科学的意会知识相距甚远,一位精通自然科学的学者,写出通常为人文学者关注的意会知识巨著,必然会从一个新视角,推动科学与人文的会通;东方传统文化特长在意会认识,而波兰尼撰写出打着西方文化印记的意会认识,必然会引起东方文化对意会知识的重新审视和研究方法变革,推动东西方文化的会通。波兰尼意会知识带来的"认识论革命",其深层哲学意义就在于此。从这一高度看,我们深切感到,虽然 25 年来我国发表了大量涉及意会知识的文章,但无论深度和广度,都仅仅是一个开端,真正的中国化研究尚待开始。"问渠那得清如许?为有源头活水来",教育和管理实践应用展现的巨大需求潜力,创新型国家建设中对创新精神和方法的探求,必将推动我国哲学"认识论革命"早日到来。

主要参考文献

一、中文译著

[1] 爱因斯坦.爱因斯坦文集[M].许良英,范岱年,等编译.北京:商务印书馆,1977.

[2] 昂利·彭加勒.科学的价值[M].李醒民,译.北京:光明日报出版社,1988.

[3] 昂利·彭加勒.科学与方法[M].李醒民,译.沈阳:辽宁教育出版社,2001.

[4] WIB贝弗里奇:发现的种子——《科学研究的艺术》续篇[M].金吾伦,李亚东,译.北京:科学出版社,1987.

[5] WIB贝弗里奇.科学研究的艺术[M].陈捷,译.北京:科学出版社,1979.

[6] 伯特兰·罗素.西方哲学史(上、下)[M].马元德,编译.北京:商务印书馆,2015.

[7] 达尔文.达尔文回忆录[M].毕黎,译.北京:商务印书馆,1982.

[8] 戴维·玻姆.论创造力[M].洪定国,译.上海:上海科学技术出版社,2001.

[9] WC丹皮尔.科学史及其与科学和宗教的关系[M].李珩,译.北京:商务

印书馆,1997.

[10] 恩斯特·马赫. 认识与谬误——探究心理学论纲[M]. 李醒民,译. 北京:华夏出版社,2000.

[11] 哈里特·朱克曼. 科学界的精英——美国的诺贝尔奖金获得者[M]. 周叶谦,冯世则,译. 北京:商务印书馆,1979.

[12] 康德. 纯粹理性批判[M]. 蓝公武,译. 北京:商务印书馆,1960.

[13] 赖欣巴哈. 科学哲学的兴起[M]. 伯尼,译. 北京:商务印书馆,1983.

[14] 李约瑟. 中国古代科学[M]. 李彦,译. 上海:上海书店出版社,2001.

[15] 罗伯特·金·默顿. 十七世纪英格兰的科学、技术与社会[M]. 范岱年,译. 北京:商务印书馆,2000.

[16] 罗伯特·卡尼格尔. 师从天才——一个科学王朝的崛起[M]. 江载芬,闫鲜宁,张新颖,译. 上海:上海科技教育出版社,2001.

[17] 罗伯特·索拉索. 21 世纪的心理科学与脑科学[M]. 朱滢,陈恒之,等译. 北京:北京大学出版社,2002.

[18] 迈克尔·波兰尼. 博蓝尼讲演集[M]. 彭淮栋,译. 台北:联经出版事业公司,1985.

[19] 迈克尔·波兰尼. 个人知识——迈向后批判哲学[M]. 许泽民,译. 贵阳:贵阳人民出版社,2000.

[20] 迈克尔·波兰尼. 科学、信仰与社会[M]. 王靖华,译. 南京:南京大学出版社,2004.

[21] 迈克尔·波兰尼. 人之研究[M]. 彭淮栋,译. 台北:联经出版事业公司,1985.

[22] 迈克尔·波兰尼. 社会经济和哲学——波兰尼文选[M]. 彭峰,贺应平,徐陶,等译. 北京:商务印书馆,2006.

[23] 迈克尔·波兰尼. 意义[M]. 彭淮栋,译. 台北:台联经出版公司,1981.

[24] 迈克尔·波兰尼. 自由的逻辑[M]. 冯银江,李雪茹,译. 长春:吉林人民出版社,2002.

［25］皮亚杰. 发生认识论原理［M］. 王宪钿,等译. 北京:商务印书馆,1997.

［26］S 钱德拉塞卡. 莎士比亚·牛顿和贝多芬:不同的创造模式［M］.杨建邺,王晓明,等译. 长沙:湖南科学技术出版社,2007.

［27］S 钱德拉塞卡. 真与美:科学研究中的美学和动机［M］. 北京:科学出版社,1992.

［28］塞缪尔·亨廷顿. 文明的冲突与世界秩序的重建［M］.周琪,刘绯,张立平,译. 北京:新华出版社,2002.

［29］C P 斯诺. 两种文化［M］.纪树立,译. 北京:生活·读书·新知三联书店,1994.

［30］汤川秀树.创造力与直觉——一个物理学家对于东西方的考察［M］.周林东,译. 石家庄:河北科学技术出版社,1987.

［31］汤川秀树. 人类的创造［M］. 那日苏,译. 石家庄:河北科学技术出版社,2002.

［32］托马斯·库恩. 必要的张力——科学的传统和变革论文选［M］.范岱年,纪树立,等译. 北京:北京大学出版社,2004.

［33］托马斯·库恩. 科学革命的结构［M］.金吾伦,胡新和,译. 北京:北京大学出版社,2003.

［34］维特根斯坦. 逻辑哲学论［M］.贺绍甲,译. 北京:商务印书馆,1996.

［35］Sean Sheehan. 维特根斯坦:抛弃梯子［M］.步阳辉,译. 大连:大连理工大学出版社,2008.

［36］野中郁次郎,竹内弘高.创造知识的企业——日美企业持续创新的动力［M］.李萌,等译. 北京:知识产权出版社,2006.

［37］詹姆斯·W 麦卡里斯特. 美与科学革命［M］.李为,译. 长春:吉林人民出版社,2000.

二、中文著作

[1] 陈大柔.科学审美创造学[M].杭州:浙江大学出版社,1999.

[2] 陈鼓应.庄子今注今译(上、中、下)[M].北京:中华书局,2004.

[3] 成中英.从中西互释中挺立[M].北京:中国人民大学出版社,2005.

[4]《道德经》

[5] 邓线平.波兰尼与胡塞尔认识论思想比较研究[M].北京:知识产权出版社,2009.

[6] 方明.缄默知识论[M].合肥:安徽教育出版社,2004.

[7] 冯友兰.新理学[M].北京:生活·读书·新知三联书店,2007.

[8] 冯友兰.新世训:生活方法新论[M].北京:生活·读书·新知三联书店,2007.

[9] 冯友兰.新事论:中国到自由之路[M].北京:生活·读书·新知三联书店,2007.

[10] 冯友兰.新原道(中国哲学之精神)[M].北京:生活·读书·新知三联书店,2007.

[11] 冯友兰.新原人[M].北京:生活·读书·新知三联书店,2007.

[12] 冯友兰.新知言[M].北京:生活·读书·新知三联书店,2007.

[13] 冯友兰.中国哲学简史[M].北京:北京大学出版社,1985.

[14] 傅世侠,罗玲玲.科学创造方法论[M].北京:中国经济出版社,2000.

[15] 黄荣怀,郑兰琴.隐性知识论[M].长沙:湖南师范大学出版社,2007.

[16] 李顺连.道论[M].武汉:华中师范大学出版社,2003.

[17] 梁启华.基于心理契约的企业默会知识管理[M].北京:经济管理出版社,2008.

[18] 梁漱溟.东西文化及其哲学[M].北京:商务印书馆,1999.

[19] 刘大椿.从中心到边缘:科学、哲学、人文之反思[M].北京:北京师范大学出版社,2006.

[20] 刘仲林. 科学臻美方法[M]. 北京:科学出版社,2002.

[21] 刘仲林. 新认识[M]. 郑州:大象出版社,1999.

[22] 刘仲林. 中国创造学概论[M]. 天津:天津人民出版社,2001.

[23] 卢嘉锡,等. 院士思维(1—4卷)[M]. 合肥:安徽教育出版社,1998.

[24] 牟宗三. 生命的学问[M]. 桂林:广西师范大学出版社,2005.

[25] 钱振华. 科学:人性、信念及价值——波兰尼人文性科学观研究[M]. 北京:知识产权出版社,2008.

[26] 钱振华. 科学:人性、信念及价值——波兰尼人文性科学观研究[M]. 北京:知识产权出版社,2008.

[27] 石中英. 知识转型与教育改革[M]. 北京:教育科学出版社,2001.

[28] 舒炜光,邱仁宗. 当代西方科学哲学述评[M]. 北京:中国人民大学出版社,2007.

[29] 眭平. 科学创造的横向研究[M]. 北京:科学出版社,2007.

[30] 闻曙明. 隐性知识显性化问题研究[M]. 长春:吉林人民出版社,2006.

[31] 吴国盛. 科学的历程[M]. 北京:北京大学出版社,2002.

[32] 徐复观. 中国艺术精神[M]. 上海:华东师范大学出版社,2001.

三、中文期刊

[1] 陈明贵. 试论默会知识及其教育学意义[J]. 高等教育研究,2007,30(4).

[2] 陈鹏. 超越理性的理性——也论冯友兰新理学"负的方法"[J]. 北京社会科学,1997(3).

[3] 陈延庆. 论庄子哲学的思维方式[J]. 商丘师范学院学报,2000(5).

[4] 成中英,郭桥. 儒家和道家的本体论[J]. 人文杂志,2004(6).

[5] 程民治,朱仁义,王向贤. 弘扬科学大师的人文精神是整治基础物理教育之方[J]. 物理与工程,2008(6).

[6] 崔立中. 试论创新的双向心理过程[J]. 心理科学,2003(2).

[7] 刁生虎. 老庄直觉思维及其方法论意义[J]. 焦作教育学院学报(综合

版),2001(7).

[8] 刁生虎.庄子哲学与科学精神[J].天府新论,2001(2).

[9] 高岸起.论直觉在认识中的作用[J].科学技术与辩证法,2001,18(4).

[10] 高策.科学美的概念不是固定不变的——杨振宁论科学美的本质[J].
科学学研究,1993(3).

[11] 郭芙蕊.意会知识的历史研究[J].天津市社会主义学院学报,2004(1).

[12] 郭芙蕊.意会知识与科学认识模式的重建[J].自然辩证法研究,2003
(12).

[13] J H 吉尔.裂脑和意会认识[J].刘仲林,李本正,译.自然科学哲学问题
丛刊,1985(1):71-83.

[14] 李丽莉.美与科学创造——论科学创造中审美的作用[J].广西社会科
学,2007(7).

[15] 李醒民.论科学审美的功能[J].自然辩证法通讯,2006(1).

[16] 李醒民.论科学审美的功能[J].自然辩证法通讯,2006(1)

[17] 李醒民.隐喻:科学概念变革的助产士[J].自然辩证法通讯,2004(1).

[18] 刘景钊.内隐认知与意会知识的深层机制[J].自然辩证法研究,1999
(6).

[19] 刘仲林.波兰尼"意会知识"的脑科学背景[J].自然辩证法通讯,2004(5).

[20] 刘仲林.波兰尼"意会知识"结构及其心理学基础[J].天津师范大学学
报(社会科学版),2004(2).

[21] 刘仲林."创新"的中国文化渊源[J].天津师范大学学报(社会科学版),
2001(4).

[22] 刘仲林.冯友兰"负的方法"反思与重估[J].河北师范大学学报(哲学社
会科学版),1997(3).

[23] 刘仲林.揭开中国传统思维之谜[J].学术探索,2003(2).

[24] 刘仲林.科学中的"美"和"真"——对科学美质疑者的回答[J].天津师
范大学学报(社会科学版),1982(6).

[25] 刘仲林. 论科学美的本质[J]. 天津社会科学,1984(4).

[26] 刘仲林,汪寅. "院士思维"计量分析与思考[J]. 科学技术与辩证法, 2006(5).

[27] 刘仲林. 意会理论:当代认识论热点——庄子与波兰尼思想比较研究 [J]. 自然辩证法通讯,1992(1).

[28] 刘仲林. 意之所在,不言而会——老庄意会认识论初探[J]. 中国哲学 史,2003(3).

[29] 刘仲林. 中国文化与科学意会论[J]. 自然辩证法研究,1999(1).

[30] 罗承选. 志汇中西归大海,学兼文理求天籁——从"院士思维"看人文与 科技整合的意义与途径[J]. 中国矿业大学学报(社会科学版),2002 (04).

[31] 罗彦民. 西方解构主义与《庄子》哲学之比照[J]. 社会科学家,2009(5).

[32] 蒙培元. 人·理性·境界——中国哲学研究中的三个问题[J]. 泉州师 范学院学报(社会科学版),2004(3).

[33] 蒙培元. "天人合一"论对人类未来发展的意义[J]. 齐鲁学刊,2000(1).

[34] 彭加勒. 数学创造[J]. 李醒民,译. 世界科学,1986(3).

[35] 石中英. 波兰尼的知识理论及其教育意义[J]. 华东师范大学学报(教育 科学版),2001(6).

[36] 隋都华. 庄子的物我关系思想简析[J]. 理论探讨,2003(1).

[37] 王海军. 汤川秀树对老庄思想的现代诠释[J]. 中国道教,2007(1).

[38] 王薇. 庄子的言意观[J]. 东北师范大学学报(哲学社会科学版),2008 (5).

[39] 王渝生. 弗莱明:"偶然"发现青霉素[J]. 科技导报,2008(4).

[40] 韦拴喜. 技、道之思——兼论美的本质问题[J]. 北京化工大学学报(社 会科学版),2008(3).

[41] 吴海江. 诺贝尔奖:原创性与科学积累[J]. 科学学与科学技术管理, 2002(11).

[42] 肖静宁.裂脑研究与思维方式互补[J].人文杂志,1991(3).

[43] 肖静宁.试论意会知识的认识论意义[J].武汉大学学报(人文社会科学版),1992(2).

[44] 徐飞,卜晓勇.中国科学院院士特征状况的计量分析[J].自然辩证法研究,2006(2).

[45] 杨国荣.庄子哲学及其内在主题[J].上海师范大学学报(哲学社会科学版),2006,35(4).

[46] 杨玉良.漫谈研究生教育中的一些相关问题[J].学位与研究生教育,2007(2).

[47] 于祺明.试论科学顿悟与思维方法[J].科学技术与辩证法,2004,21(6).

[48] 郁振华.从表达问题看默会知识[J].哲学研究(人文科学版),2003(5).

[49] 郁振华.克服客观主义——波兰尼的个体知识论[J].自然辩证法通讯,2002,24(1).

[50] 郁振华.走向知识的默会维度[J].自然辩证法研究,2001(8).

[51] 张建宁.意会知识的神经心理学分析[J].天津师范大学学报,1992(1).

[52] 张一兵.波兰尼意会认知理论的哲学逻辑构析[J].江海学刊,1991(3).

[53] 张一兵.波兰尼与他的《个人知识》[J].哲学动态,1990(4).

[54] 郑家栋.冯友兰"负的方法"论析[J].浙江学刊,1992(5).

[55] 周义澄.论科学美[J].复旦学报(社会科学版),1981(3).

[56] 周治金,赵晓川,刘昌.直觉研究述评[J].心理科学进展,2005,13(6).

四、英文书籍

[1] Hardy G H. A Mathematician's Apology[M]. Cambridge:Cambridge University Press,1967.

[2] Jha S R. Reconsidering Michael Polanyi's Philosophy[M]. Pittsburg:The University of Pittsburgh Press,2002.

［3］Polanyi M. Knowing and Being:Essays by Michael Polanyi［M］. Edited by Marjorie Grene. Chicago:The University of Chicago Press，1969.

［4］Polanyi M. Personal Knowledge: Towards a Post-Critical Philosophy ［M］. Chicago: The University of Chicago Press，1958.

［5］Polanyi M. The Study of Man［M］. Chicago: The University of Chicago Press，1959.

［6］Polanyi M. The Tacit Dimension［M］. New York: Doubleday and Company，1966.

［7］Prosch H，Polanyi M. A Critical Exposition Albany［M］. New York: State University of New York Press，1986.